DK 博物系列
HANDBOOKS

恐　龙
与其他史前生物

恐　龙

与其他史前生物

〔英〕海泽尔·理查德森　著

邢立达　李锐媛　译

科学顾问：〔英〕格雷戈里·芬斯顿博士

科学普及出版社

·北　京·

Original Title: Dinosaurs and Other
Prehistoric Life

Copyright © Dorling Kindersley Limited., 2003, 2021

A Penguin Random House Company

本书中文版由 Dorling Kindersley Limited
授权科学普及出版社出版，未经出版社许可不得以
任何方式抄袭、复制或节录任何部分。

著作权合同登记号：01-2024-5636

图书在版编目（CIP）数据

恐龙与其他史前生物 /（英）海泽尔·理查德森著；
邢立达, 李锐媛译. -- 北京：科学普及出版社, 2025.6
（DK博物系列）

书名原文: HAND BOOKS DINOSAURS AND OTHER
PREHISTORIC LIFE

ISBN 978-7-110-10550-4

Ⅰ. ①恐… Ⅱ. ①海… ②邢… ③李… Ⅲ. ①古生物
－青少年读物 Ⅳ. ①Q91-49

中国国家版本馆CIP数据核字（2023）第036946号

策划编辑	邓　文
责任编辑	白李娜
装帧设计	金彩恒通
责任校对	邓雪梅
责任印制	徐　飞

出　　版	科学普及出版社
发　　行	中国科学技术出版社有限公司
地　　址	北京市海淀区中关村南大街16号
邮　　编	100081
电　　话	010-62173865
传　　真	010-62173081
网　　址	http://www.cspbooks.com.cn

开　　本	880mm × 1230mm　1/32
字　　数	308千字
印　　张	7
版　　次	2025年6月第1版
印　　次	2025年6月第1次印刷
印　　刷	惠州市金宣发智能包装科技有限公司
书　　号	ISBN 978-7-110-10550-4/Q · 287
定　　价	88.00元

（凡购买本社图书，如有缺页、倒页、脱页者，本社销售中心负责调换）

混合产品
纸张 |
支持负责任林业
FSC® C018179

www.dk.com

目录

阅读指南

　　本书以早期动物的演化作为开篇，随后简要总结地球的早期自然环境。正文会重点介绍中生代和新生代的主要史前动物。

表明当时各个大陆位置的地图

每个时代中史前动物的介绍

▲ 时代

　　每个地质时代都有跨页介绍，包括当时的气候、有重要意义的植物和常见动物。底部的时间线会说明这个时代在历史中的位置。

物种名称

发现某个物种的古生物学家，以及该物种的发表年份

栖息地

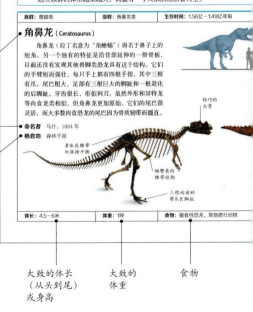

兽脚类

……真正成为生态……类取代鳄类成……类等部分早期族……占据食物链顶端……尾龙类。角鼻龙……它们作为南半球……续到了白垩纪……类的头骨形状多……的头饰和角，这……他群体具有细长的吻部，这在奇特的棘龙中达到了极致。

这些族群的体形越来越大，而虚骨……

龙类等其他群体的体形越来越小，因此兽脚类占据了各种各样的生态位。白垩纪中的诸多主要族群都起源于侏罗纪，包括驰龙类、暴龙类和伤齿龙类。部分虚骨龙类成员擅长奔跑，手臂较长，并开始以独特的方式使用披羽前肢。它们会尝试通过拍打或滑翔来产生升力。现在的研究者发现，主动动力飞行在这些恐龙中有过多次独立演化，但只有一种恐龙特别擅长飞行，那就是始祖鸟（见第70～71页）。它们的亲属——鸟类今天依然统治着天空。

族群：兽脚类	亚属：角鼻龙类	生存时间：1.56亿～1.49亿年前

● 角鼻龙（Ceratosaurus）

　　角鼻龙（拉丁名意为"角蜥蜴"）得名于鼻子上的短角。另一个独有的特征是沿背部延伸的一排骨板，目前还没有发现其他兽脚类恐龙有这种结构。它们的手臂短而强壮，每只手上都有四根手指，其中三根有爪。尾巴粗大，足部有三根巨大的脚趾和一根退化的后脚趾。牙齿很长，形似利刃。虽然外形和异特龙等肉食龙类相似，但角鼻龙更加原始。它们的尾巴很灵活，而大多数肉食恐龙的尾巴因为骨质韧带而僵直。

● 命名者 马什，1884 年
● 栖息地 森林平原

轻巧的头骨

身体在腰部处保持平衡

蜥臀类的腰带结构

三根向前的带长爪长脚趾

体长：4.5～6米	体重：1吨	食物：植食性恐龙，其他爬行动物

大致的体长（从头到尾）或身高

大致的体重

食物

▼ 动物特征

对每个主要动物族群都进行了详细介绍，按地质年代和物种分类归类，内容包括其身体特征、食物和生活方式等。彩色表格中写明了分类、生活年代、体形和食物等关键信息。每种动物都有画师复原的画像和（或）化石照片。关键特征都有注释。每种动物的介绍中都附有标明了化石主要发现地的地图。

色标

每个条目的顶部都有色标，代表该动物生存的地质年代。

年代颜色

前寒武纪	三叠纪
寒武纪	侏罗纪
奥陶纪	白垩纪
志留纪	古近纪
泥盆纪	新近纪
石炭纪	第四纪
二叠纪	

主要族群的学名

亚群的学名

某种动物以百万年计的生存年代

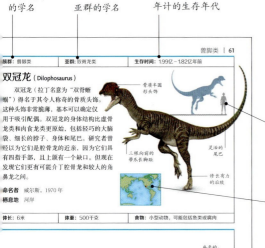

族群：兽脚类	亚群：双脊龙类	生存时间：1.99亿～1.82亿年前

兽脚类 | 61

双冠龙（Dilophosaurus）

双冠龙（拉丁名意为"双脊蜥蜴"）得名于其令人称奇的骨质头饰。这种头饰非常脆弱，基本可以确定仅用于吸引配偶。双冠龙的身体结构比虚骨龙类和肉食龙类更原始，包括轻巧的大脑袋、细长的脖子、身体和尾巴。研究者曾经以为它们是腔骨龙的近亲，因为它们具有四指手部，且上颌有一个缺口。但现在发现它们更有可能介于腔骨龙和较大的角鼻龙之间。

命名者 威尔斯，1970 年

栖息地 河岸

体长：6米	体重：500千克	食物：小型动物，可能包括鱼类或腐肉

骨质平冠形头饰

三根向前的带爪长胸肋

灵活的尾巴

修长有力的后腿

和人类的身高对比

20厘米  1.8米

红点代表主要化石的发现地

▼ 跨页介绍

特别重要的动物专门用跨页进行介绍，其中包括栖息地的信息。跨页介绍的图片和文字都比普通页面更丰富。

扁平的鼻角

背部的骨板

灵活的长尾巴

长而有力的后腿

四指手部

进化的后趾

长足部

画师绘制的史前动物复原图，依据来自类似动物的已知特征

生物分类

根据相似性为生物归类，我们才能准确地理解各类生物以及它们的演化历程。动物可以划分成很多类别，越是向下细分，多样性就越少。图中总结了羊膜动物中主要族群的演化过程：最初是双孔类和恐龙，后来演化出了哺乳动物。这是依据物种与其祖先之间相同特征的分析得出的。

单源群

单源群中包括具有共同祖先的所有物种。它和并系群刚好相反，后者没有包括所有后裔，也称为多源群，是人为地将并非近亲的族系划分在一起。例如，恐龙这个分类只有在纳入了直系后裔鸟类的时候才属于单源群。为方便起见，古生物学家有时会使用并系群，例如"非鸟恐龙"，但他们也明白这不是有意义的演化分类。本书中的侏罗纪和白垩纪"其他双孔类"就属于并系群，因为其中不包括恐龙。

嵌套演化支

古生物学家使用演化分支图来表示动物之间的关系，各分支代表不同族系，它们的连接处代表共同祖先。每个连接点都对应一个演化支，且具有正式名称。各演化支也可以结合在一起，代表更广大的群体。因此，同一个物种可以同时从属于多个范围越来越广的嵌套演化支，类似于旧时的林奈系统，但层次更丰富。古生物学家依然对属和种使用林奈命名法，但提及范围更大的族群时，大多数研究者都会以嵌套演化支代替林奈分级。

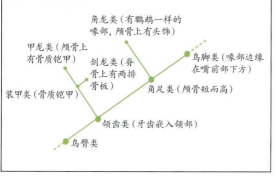

关键化石证据

- 恐龙
- 翼龙
- 植龙类
- 伪鳄类
- 喙头龙类
- 有鳞类
- 长颈龙类
- 鱼龙类
- 鳍龙类
- 双孔类
- 副爬行动物
- 下孔类

主龙形类

鳞龙类

双孔类

副爬行动物

羊膜类

古生代		
泥盆纪 4.19亿~3.59亿年前	石炭纪 3.59亿~2.99亿年前	二叠 2.99亿~2 年前

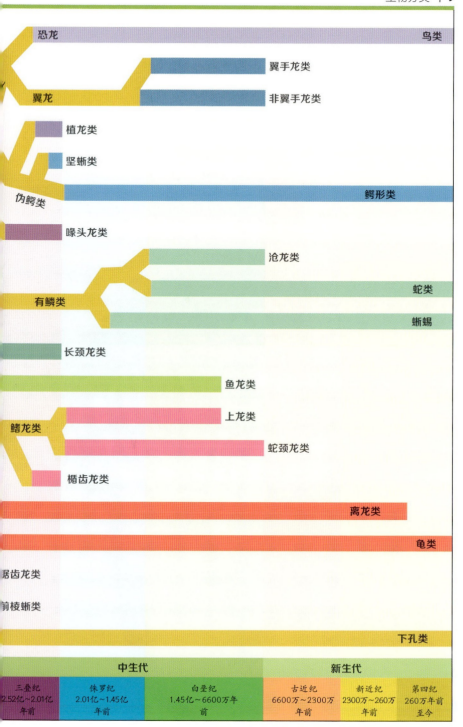

恐龙

鸟类

翼手龙类

非翼手龙类

翼龙

植龙类

坚蜥类

鳄形类

伪鳄类

喙头龙类

沧龙类

蛇类

蜥蜴

有鳞类

长颈龙类

鱼龙类

上龙类

蛇颈龙类

鳍龙类

楯齿龙类

离龙类

龟类

楯齿龙类

前棱蜥类

下孔类

中生代			新生代		
三叠纪 2.52亿~2.01亿年前	侏罗纪 2.01亿~1.45亿年前	白垩纪 1.45亿~6600万年前	古近纪 6600万~2300万年前	新近纪 2300万~260万年前	第四纪 260万年前至今

恐龙究竟是什么?

恐龙称霸地球生态系统足有 1.65 亿年。它们是从主龙类爬行动物进化而来的,明显具有一些进步的特征,翼龙等其他非恐龙族群亦然。定义恐龙的特征包括直立的肢体姿势(见对页)、手部的第五指最多只有三根指骨、肱骨有延长的三角嵴、至少有三块骶椎、具有球状股骨头,以及完全打开的髋臼(骨盆中有髋臼)。

颈肋

胸肋

喙突

三角肌嵴

胸骨

肱骨

尺骨

桡骨

掌骨
(手骨)

指骨

背椎骨

肩胛骨

骶椎

骨盆

股骨(大腿骨)

胫骨

坐骨

腓骨

跖骨(足骨)

恐龙骨架

在大多数情况下,只能通过骨骼和(或)牙齿来研究恐龙。恐龙是四足(具有四肢)脊椎动物,爬行动物、哺乳动物和鸟类也是如此,因此这些群体的基本身体构造相同。恐龙的掌骨(手骨)等骨骼与其他脊椎动物骨骼的学名相同。图中所示的恐龙是鸟臀类中的木他龙。

直立步态

现代的蜥蜴和鳄鱼具有外展步态，即膝盖和肘部与身体呈一定角度向外侧伸出。而恐龙大获成功的原因之一便是直立步态。这远优于普通的爬行动物步态，例如可以增长步幅，提高恐龙的行动速度。早期肉食性主龙类和恐龙大多都是敏捷的猎手。直立步态也让恐龙演化出了两足行走的能力。

恐龙的直立步态　　蜥蜴典型的外展步态

温血动物？

迟钝的变温动物这个传统形象已经基本被推翻，学术界现在认为大多数恐龙都是温血动物。部分恐龙身披羽毛，其中很多还是飞毛腿，而且有些生活在不适合变温动物居住的严寒地带。

中等大小的脑部需要温血动物的代谢方式来支撑

和温血鸟类非常相似，包括羽毛

伶盗龙

恐龙的臀部

1887年，英国解剖学家哈利·斯利发现恐龙的骨盆分为两类。部分恐龙具有典型的蜥蜴样骨盆，斯利将它们称为蜥臀类；另一类恐龙的骨盆类似现代鸟类，他将这类恐龙称为鸟臀类。我们目前还不清楚这两个群体是各自演化而来，还是具有共同的蜥臀类祖先。

蜥臀类的骨盆

骨盆由髂骨、耻骨和坐骨组成。大多数蜥臀类的坐骨朝后，耻骨朝前。

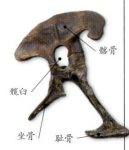

髂骨

髋臼

坐骨　　耻骨

鸟臀类的骨盆

鸟臀目恐龙和少数蜥臀类恐龙的耻骨和坐骨相对。

髂骨

髋臼

耻骨

坐骨

尾椎骨

蹠骨
（脚踝）

趾骨

恐龙与鸟类的演化

恐龙及其近亲称霸整个中生代。恐龙在二叠纪开始演化。新的爬行动物族系主龙类就是在这个时代诞生的。某些主龙类成员演化出了两足直立行走的能力。恐龙、鳄类和翼龙都是在三叠纪里由这些早期主龙类演化而来的。恐龙分为两大群体：蜥臀类和鸟臀类。

鸟类在侏罗纪末期诞生，祖先是蜥臀类中的兽脚类恐龙。它们和鳄鱼是唯一延续至今的主龙类。

鸟臀类

所有的鸟臀类都是植食性恐龙，具有采食植物的特化结构。它们的颌骨尖端有一块特殊的无齿骨骼，即前齿骨。这在牙齿前面形成了无齿的喙部。颌部关节也有特化结构，使牙齿可以相互摩擦（咬合）。率先出现的主要族群是装甲类。这种身披铠甲的恐龙包括剑龙类和甲龙类。另一个族群是角龙类，包括有角的角龙类、头骨极厚的肿头龙类，还有成员众多、以两足恐龙为主的鸟脚类。

化石证据图例
- 鸟类
- 近鸟型恐龙
- 虚骨龙类
- 坚尾龙类
- 蜥脚形类
- 蜥臀类
- 鸟臀类

鸟类 近鸟型恐龙 虚骨龙类 坚尾龙类 角鼻龙类 蜥脚形类 大椎龙类 埃雷拉龙类 甲龙类 头饰龙类 蜥臀类 恐龙 鸟臀类 装甲类 角足龙类

古生代			中生代
石炭纪 3.59亿~2.99亿年前	二叠纪 2.99亿~2.52亿年前	三叠纪 2.52亿~2.01亿年前	侏罗纪 2.01亿~1.45亿年前

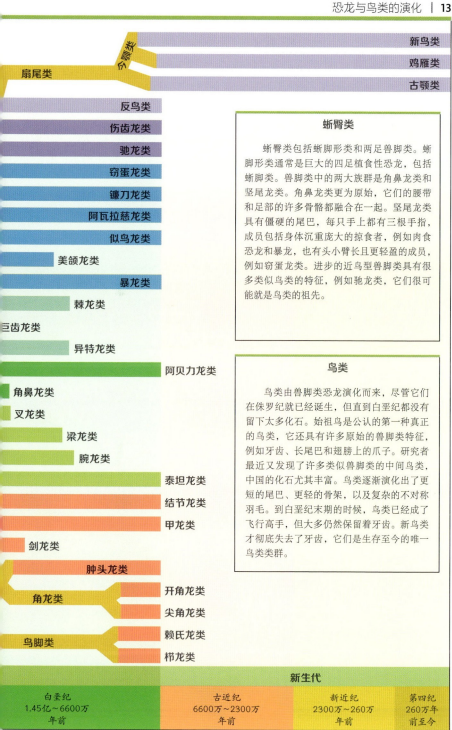

新鸟类

鸡雁类

古颚类

今颚类

扇尾类

反鸟类

伤齿龙类

驰龙类

窃蛋龙类

镰刀龙类

阿瓦拉慈龙类

似鸟龙类

美颌龙类

暴龙类

棘龙类

巨齿龙类

异特龙类

阿贝力龙类

角鼻龙类

叉龙类

梁龙类

腕龙类

泰坦龙类

结节龙类

甲龙类

剑龙类

肿头龙类

角龙类

开角龙类

尖角龙类

赖氏龙类

栉龙类

鸟脚类

蜥臀类

蜥臀类包括蜥脚形类和两足兽脚类。蜥脚形类通常是巨大的四足植食性恐龙，包括蜥脚类。兽脚类中的两大族群是角鼻龙类和坚尾龙类。角鼻龙类更为原始，它们的腰带和足部的许多骨骼都融合在一起。坚尾龙类具有僵硬的尾巴，每只手上都有三根手指，成员包括身体沉重庞大的掠食者，例如肉食恐龙和暴龙，也有头小臂长且更轻盈的成员，例如窃蛋龙类。进步的近鸟型兽脚类具有很多类似鸟类的特征，例如驰龙类，它们很可能就是鸟类的祖先。

鸟类

鸟类由兽脚类恐龙演化而来，尽管它们在侏罗纪就已经诞生，但直到白垩纪都没有留下太多化石。始祖鸟是公认的第一种真正的鸟类，它还具有许多原始的兽脚类特征，例如牙齿、长尾巴和翅膀上的爪子。研究者最近又发现了许多类似兽脚类的中间鸟类，中国的化石尤其丰富。鸟类逐渐演化出了更短的尾巴、更轻的骨架，以及复杂的不对称羽毛。到白垩纪末期的时候，鸟类已经成了飞行高手，但大多仍然保留着牙齿。新鸟类才彻底失去了牙齿，它们是生存至今的唯一鸟类类群。

新生代

| 白垩纪 1.45亿～6600万 年前 | 古近纪 6600万～2300万 年前 | 新近纪 2300万～260万 年前 | 第四纪 260万年 前至今 |

哺乳动物的演化

哺乳动物是羊膜动物中的下孔类分支，诞生于石炭纪时期。哪种哺乳形类动物属于真正的哺乳动物仍有争议，所以尚不确定真正的哺乳动物是诞生于晚三叠世还是侏罗纪。在整个中生代里，大多数哺乳动物都很小。但研究者发现，某些族群的生态特征十分多样，有些甚至庞大到可以捕食小型恐龙。恐龙灭绝之后，哺乳动物就成了全球生态系统的新霸主，如今主要有三大族群：有胎盘类、有袋类和单孔类。

下孔类

下孔类是羊膜动物的一个分支，在整个二叠纪和三叠纪的大部分时间里都统治着陆地。它们的每侧眼窝后都有一个颅骨开口，用于增强咬力。这个族群也演化出了同时具有多种牙齿的特征，即异齿性。特化的牙齿有助于提高口腔处理食物的能力，也可以提高消化能力。这又促使特化程度更高的下孔类提高了新陈代谢速度，它们要消耗更多能量，但也生长得更快，行为更加活跃。在三叠纪或侏罗纪里，特化下孔类中的犬齿兽类演化出了哺乳动物。

遗传学证据

在一个多世纪的时间里，古生物学家都是以共同的形态学特征来为哺乳动物分类，例如骨骼、牙齿的形状和特征。在21世纪初，利用DNA和其他分子检测评估现生哺乳动物亲缘关系的研究彻底改变了这种分类法。新技术表明，许多形态学上的相似其实都是源自趋同演化，即两个族群独立地演化出了同样的特征，以便获得类似的功能。此后，既往分类系统中的许多差异都得以解决。古生物学家现在会在分类时同时考虑遗传学和形态学依据。

化石证据图例

- ■ 有胎盘类
- ■ 有袋类
- ■ 三尖齿兽类
- ■ 哺乳类
- ■ 哺乳形类
- ■ 犬齿兽类
- ■ 二齿兽类
- ■ 楔齿龙类

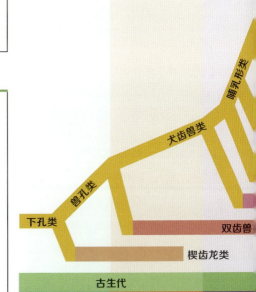

哺乳形类

犬齿兽类

兽孔类

下孔类

双齿兽

楔齿龙类

古生代

| 石炭纪 3.59亿~2.99亿年前 | 二叠纪 2.99亿~2.52亿年前 | 三叠纪 2.52亿~2.0 |

哺乳形类

随着古生物学家发现更多的犬齿兽类的化石，哺乳动物及其祖先之间的分界线便越来越模糊。哺乳动物的许多近亲都有至少一个哺乳动物的决定性特征，但又不具备所有决定性特征。例如牙齿或特化的哺乳动物中耳。新化石表明，很多此类特征都在多个族群中经历过独立演化，并非某个族群所特有。古生物学家通常把这些近似哺乳动物的物种称为"原哺乳动物"，或者把它们归入并系群"哺乳形类"（见第 102 页）。

鲸偶蹄类
- 鲸豚类
- 反刍动物
- 南蹄类
- 奇蹄类

食肉类
- 犬科动物
- 猫科动物

劳亚兽类
- 鳞甲类
- 手足类
- 真盲缺类

灵长总目
- 啮齿类
- 兔形类
- 灵长类

有胎盘类
- 异关节总目
- 非洲兽总目

哺乳动物
后兽类
- 有袋类

- 三尖齿兽类
- 多瘤齿兽类
- 真贼兽类

- 单孔类

- 柱齿兽类
- 摩根齿兽类
- 三瘤齿兽类

中生代		新生代		
侏罗纪 2.01亿~1.45亿 年前	白垩纪 1.45亿~6600万 年前	古近纪 6600万~2300万 年前	新近纪 2300万~260万 年前	第四纪 260万年 前至今

地质年代

地质学家将地球历史分为了多个宙，每个宙都是一段漫长的时间。而宙又依次划分为代、纪和世。目前最古老的岩石可以追溯到40亿年前的太古宙。年代最久远的化石大约就是在这个地质年代形成的。

古老的岩石

如果岩石地层没有受到过破坏，它们的纵剖面就可以显示出每个地质年代所沉积的岩石。研究者可以根据岩石情况来确定当时的环境（例如沙漠），有时还可以确定岩石中化石的形成时间。如下图的美国大峡谷岩层。

岩石	环境	时代
页岩、粉砂岩、泥岩	潮汐平原	三叠纪
石灰岩	海洋	二叠纪
砂岩	沙漠	
页岩	稀树草原	
复合地层:页岩、砂岩、石灰岩	洪泛平原	二叠纪和晚石炭世
石灰岩	海洋	早石炭世
石灰岩	海洋	泥盆纪
石灰岩	海洋	寒武纪
页岩	海洋	
砂岩	海洋	
复杂的混合地层	海洋和火山地带	前寒武纪

新生代	260万年前至今	第四纪
新生代	2300万~260万年前	新近纪
新生代	6600万~230万年前	古近纪
中生代	1.45亿~6600万年前	白垩纪
中生代	2.01亿~1.45亿年前	侏罗纪
中生代	2.52亿~2.01亿年前	三叠纪
古生代	2.99亿~2.52亿年前	二叠纪
古生代	3.59亿~2.99亿年前	石炭纪
古生代	4.19亿~3.59亿年前	泥盆纪
古生代	4.44亿~4.19亿年前	志留纪
古生代	4.85亿~4.44亿年前	奥陶纪
古生代	5.42亿~4.85亿年前	寒武纪
	46亿~5.42亿年前	前寒武

46亿年前	40亿年前	30亿年前

大峡谷

美国亚利桑那州的大峡谷呈现出了最壮观的岩石沉积层剖面。它有 2000 多米高，清晰显示了 3 亿年来的沉积层变化。其中包括砂质石灰岩、石化沙丘和页岩。

后弓兽

第四纪的冰期催生了许多适应寒冷气候的哺乳动物，例如猛犸象。现代人类也于此时诞生。

新近纪时草原大幅度扩张，其中生活着食草的哺乳动物和掠食性巨鸟。灵长类中演化出了最初的人科动物。

泰坦鸟

走鲸

在白垩纪末的大灭绝之后，地球上出现了大型哺乳动物。有的又回到了海洋中。巨大的不飞鸟类诞生。

白垩纪是开花植物、植食性鸭嘴恐龙、巨大的掠食性暴龙、甲龙和角龙的天下。

鼠齿兽

重龙

侏罗纪时代的陆地属于巨大的蜥脚类和大型掠食动物。翼龙演化出了多种形态。哺乳动物依然很小。

三叠纪标志着恐龙时代的来临。进步的下孔类灭绝，哺乳动物取而代之。

埃雷拉龙

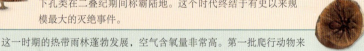
异齿龙

下孔类在二叠纪期间称霸陆地。这个时代终结于有史以来规模最大的灭绝事件。

这一时期的热带雨林蓬勃发展，空气含氧量非常高。第一批爬行动物来到了陆地。

格雷伊夫虫

伊斯特盾皮鱼

泥盆纪见证了生物的高速演化。菊石和硬骨鱼诞生，并演化出了多种形态。陆地上出现了树木、昆虫和最初的四足动物。

无脊椎动物在志留纪迅速恢复。原始的石松类和多足类动物成为第一批真正的陆地生物。

网海百合

爱沙尼亚角石

奥陶纪的海洋遍布原始鱼类、三叶虫、珊瑚和贝类。植物开始进军陆地。这个时期以大灭绝而告终。

寒武纪的"生命大爆发"中，动物演化出了骨骼和坚硬的组织，例如外壳和外骨骼。海洋中遍布三叶虫、腕足类动物和第一批无颌鱼。

木耙虫

查恩盘虫

生命诞生于前寒武纪的海洋，一开始是单细胞的细菌和藻类，然后演化出了软体多细胞动物，例如水母和蠕虫。

| 20亿年前 | 10亿年前 | 5亿年前 | 2.5亿年前 | 0 |

化石证据

史前生命的证据绝大多数为逐渐矿化并形成化石的遗骸，例如骨骼化石。大多数动物化石都来自在水中或水域附近死亡的生物。生物死亡之后，如果牙齿和骨骼等坚硬的残骸能够很快被泥土或沙子覆盖，水中溶解的矿物质就会渗入骨骼孔洞，开始矿化过程。这会使骨骼变得更坚硬。矿物质有时会完全取代骨骼，使其石化，或者将骨骼溶解，留下骨骼形状的凹模。

恐龙在水源附近死亡

恐龙的尸体在河床中腐烂

河流沉积物覆盖骨架

一层层压紧的泥沙形成了岩石地层

矿化使骨骼能够承受住上方新形成的岩石的重压

发现和发掘

只有某些类型的岩石才富含恐龙化石，包括在沙漠、沼泽和湖泊中形成的砂岩、页岩和泥岩沉积层。大多数化石都来自严重侵蚀使深层岩石暴露的地区，例如悬崖和山坡。在采石场和煤矿等工地也有可能发现化石。从坚硬的岩石中挖掘恐龙可能需要电动工具或炸药。沙漠地区的化石有时可以通过小心地清理掉上层砂砾而暴露出来。

发掘

古生物学家在骨头周围挖掘，以估计化石的保存状态和大小。最后还需要精细的刮擦和凿削才能在不压碎化石的情况下显露出细部结构。

痕迹化石

除了骨骼、皮肤印记和牙齿等化石，恐龙还留下了其他线索证明自身的存在和生活方式。痕迹化石包括足迹和行迹化石，它们在淤泥上形成，然后被太阳晒干（见右下图）。粪便化石可以为了解恐龙的解剖结构和生活方式提供更多线索。研究者偶尔还能在其中发现成堆的胃石（吞进肚子以帮助消化的石头）。

未来的化石？

撒哈拉沙漠的恐龙化石形成于当地还是一片沼泽的时期。如果这具骆驼骨架被沙子掩埋，那就有可能变成化石。

化石的形成过程

形成化石的关键在于遗骸快速被沉积物覆盖，以隔绝氧气，从而阻止正常的腐烂过程。随着时间的推移，上覆沉积物的矿物质会逐渐渗入骨骼或其他组织，并取而代之。软组织通常会在化石开始形成之前腐烂，因此水母和蠕虫等软体动物一般很难留下化石。

历史较短的动植物遗骸，都来自同一个历史比较短暂的化石层

发掘或自然侵蚀使岩石中含有化石的地层显露出来

足迹

变成化石的恐龙足迹可以为研究足部结构、行进速度和尾巴在行进中的位置提供线索。最重要的是，它们还可以显示留下化石的恐龙是两足行走还是四足行走。上图中的足迹来自兽脚类恐龙。

前寒武纪
46亿~5.42亿年前

　　科学界目前估计地球的天文年龄为46亿年。从46亿年前到大约5.42亿年前的漫长时期都属于前寒武纪。生命就是在这段时期里出现的，不过只有极少数生物留下了证据。在诞生后的最初100万年里，地球气候炎热、遍布熔岩，完全不适合生命生存。在地球冷却的过程中，火山气体和水蒸气形成了原始大气，海洋开始成形。在大约30亿年前，地表大部分都是火山岩，火山口随处可见，很多地区都因为火山活动而不稳定。随后，稳定的大陆环境开始出现。最古老的生物化石保存在42亿年前的岩石中。地球上最初的生命是简单的细胞和细菌。更复杂的细胞和藻类在大约16亿年前出现。多细胞植物在大约8.5亿年前诞生，而最古老的动物（海绵）有6.35亿~6.6亿年的历史。

埃迪卡拉纪的生物

早期水母或原始蠕虫留下的印记

　　埃迪卡拉纪（前寒武纪的一个地质年代）的岩石中发现过奇特的化石，历史可以追溯到6亿年前，可能是最古老的多细胞动物（斯普里格蠕虫和查恩盘虫，见对页图）。莫森水母化石（上图）可能是水母的化石或原始蠕虫留下的痕迹。

| 46亿年前 | 40亿年前 | 30亿年前 |

前寒武纪大陆

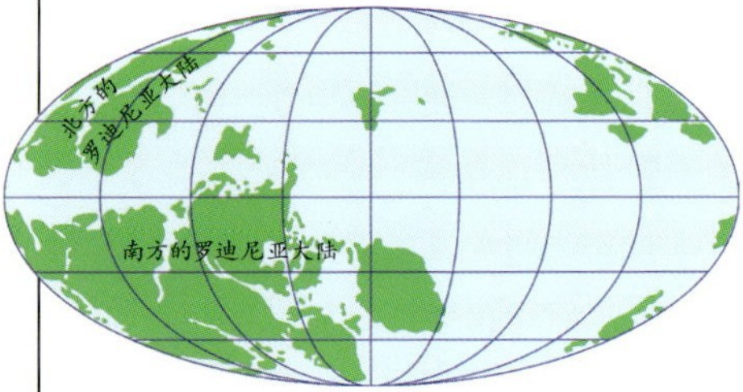

陆块大约在 30 亿年前开始形成，并在大约 9 亿年前融合成第一块超大陆——罗迪尼亚大陆。到 7.5 亿年前的时候，罗迪尼亚大陆横跨赤道，随后开始向南移动。引发了成冰期。在距今 7.5 亿 ~ 6.5 亿年之间，大陆分裂成两半（见左图），但到前寒武纪末期的时候，它们再次结合形成了一块超大陆——潘诺西亚大陆。

前寒武纪生物

最初的活细胞可能是生活在温泉中的微生物。到大约 35 亿年前的时候，有光合能力的藻类可能就形成了被称为层叠石的层状结构。随着大气中氧气的增多，多细胞动物也开始出现。

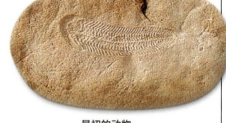

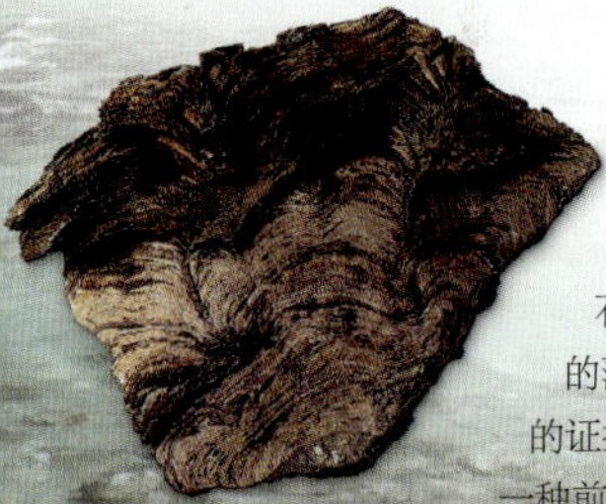

叠层石

这些层状二氧化硅或石灰石结构由聚集在一起的藻类产生，也是早期生物的证据。聚环藻（左图）就是一种前寒武纪叠层石。

最初的动物

真正的动物和植物诞生于前寒武纪晚期。斯普里格蠕虫（上图）是逐渐变细的长条状动物，形态奇特，身体有 V 形节段。

滤食者

查恩盘虫留下了羽毛状化石，它们可能是早期滤食性动物，生活在前寒武纪晚期的海底。

20亿年前 10亿年前 5亿年前 2.5亿年前 0

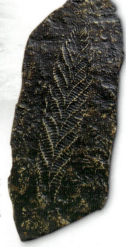

寒武纪
5.42亿~4.85亿年前

寒武纪的开始为显生宙拉开了序幕，这是一个"生命丰沛的时代"，以海洋动植物数量大增而著称。但陆地上仍然非常荒芜。演化大爆炸可能得益于比较温暖的气候。快速的陆块运动使海平面增高，大部分大陆都淹没在浅海之下。当时的两极都没有冰盖，所以全球的浅海都很温暖。

伯吉斯页岩

加拿大不列颠哥伦比亚省的寒武纪页岩中发现了多种动物化石，被称为伯吉斯页岩动物群。其中包括大约180种无脊椎动物，也有脊索动物（具有原始脊柱的生物），例如皮卡虫（右图）。

脊索（原始的脊柱）

46亿年前　　　40亿年前　　　30亿年前

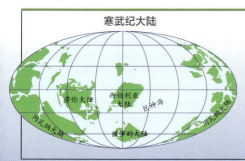

寒武纪大陆

寒武纪的大陆漂移速度很快。超大陆潘诺西亚大陆解体（见左图），各个陆块分散开来，导致海平面上升。到 5 亿年前的时候，劳伦大陆、波罗的大陆和西伯利亚大陆都沿赤道排列，超大陆冈瓦纳大陆（如今的南美洲、非洲、南极洲、澳大利亚和亚洲）延伸到了温带地区。

寒武纪的生物

几乎所有主要的现代动物群体都是在这段大约 6000 万年的时期里出现的，包括蠕虫、蟹类、贝类和海绵。许多新演化出来的动物都有坚硬的外骨骼。这是保护多细胞生物生长的铠甲。

节肢动物

这类早期动物以率先演化出眼睛而著称，它们具有类似昆虫的复眼。和其他节肢动物一样，木耙虫（左图）也生活在海床上，具有由头盾、有关节胸部和尾盾组成的骨架。

有关节的骨
质胸部上长
有很多腿

很多有保护作
用的小甲片

微瓦霞虫

许多软体动物样和蠕虫样生物出现。微瓦霞虫（右图）是软体动物样生物，身体上有坚硬的棘刺，生活在海底。

奥陶纪

4.85亿~4.44亿年前

奥陶纪见证了生命从海洋走向陆地的第一步。在大约 4.5 亿年前，除了靠近海岸的海藻垫之外，陆地上一片荒芜。此后出现了早期的地苔类植物，可能是演化自较大的藻类。它们很快就占据了沼泽地区以及湖泊和池塘周围。海洋中出现了最古老的无颌鱼，它们的形状如水滴，身披骨板。奥陶纪即将结束的时候发生了两次大灭绝，大约相隔 100 万年。第一次大灭绝的原因是全球变暖、冰川消融。温水珊瑚礁完全消失，3/4 的海洋物种都在不到 100 万年的时间里消失殆尽。

腕足类
主要生活在珊瑚礁上，是海洋中最常见的双壳生物。扭月贝（左图）是中等大小的腕足动物。

46亿年前	40亿年前	30亿年前

奥陶纪大陆

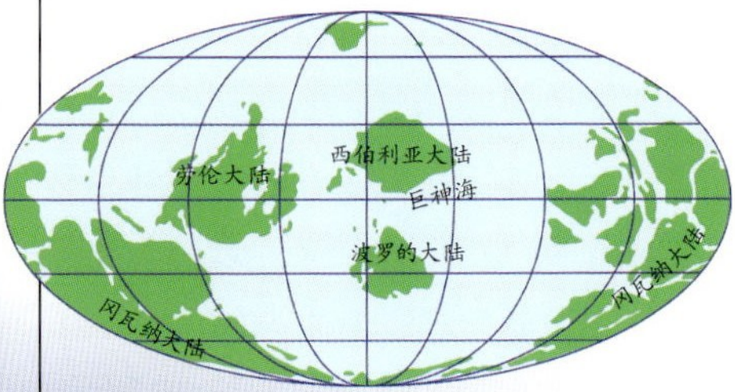

在奥陶纪初期，超大陆冈瓦纳大陆仍位于南半球。其他大陆沿赤道分布，在巨神海（见左图）扩张的过程中渐行渐远。之后，冈瓦纳大陆向南极的移动引发了另一场灭绝。在4.4亿年前，如今的南非位于南极。

奥陶纪的生物

奥陶纪大部分时间里都存在温暖的赤道海域，为海洋生物的演化提供了理想场所。珊瑚礁出现，很快就遍布各大海域。海洋中也有大量水母、海葵和其他形成群落的生物。各种带壳动物都生活在珊瑚礁周围的海床上，例如腕足类动物。

分支管状结构形成的扇形群落

分节的身体

笔石

棒形孔笔石（上图）等笔石是不寻常的群居生物，它们漂浮在水中，通过微小的触手觅食。

鹦鹉螺类

被称为鹦鹉螺的原始带壳头足类（包括现生乌贼的族群）繁盛一时。其中许多成员都呈盘绕状，例如爱沙尼亚角石（左图）。它们需要移动的时候就用体内的软管喷水来推动自身前进。

三叶虫

新生的珊瑚礁是三叶虫的天堂。高圆球虫（上图）是典型的奥陶纪三叶虫，具有11个体段。

志留纪
4.44亿~4.19亿年前

在志留纪之前，陆地上只有靠近水源的地方长有一些苔藓，其他地方毫无生气。第一批真正的陆生植物改变了大地的面貌。它们原始且简单，但有分叉的茎干、根和传输水的维管。这类植物的大小超过了更原始的祖先。

随着植被在水源周围扩张，土壤也越来越多，水在陆地上蓄积。这些条件催生了第一批陆生动物。志留纪末期的时候已经出现了多种陆生节肢动物，包括原始的蜈蚣，以及类似蜘蛛和蝎子的蛛形纲动物。

志留纪的生物

奥陶纪末期的大灭绝之后，生物开始迅速演化。最古老的有颌鱼出现，包括早期软骨鱼和硬骨鱼。海胆等许多新的水生无脊椎动物诞生。三叶虫和软体动物的种类越发多样。

12个覆盖甲板的尾节

小眼睛

大眼睛

强壮的大爪子

板足鲎类

板足鲎类是志留纪最庞大的海生无脊椎动物，例如翼肢鲎（上图）。它们的长度有时候甚至超过了人类的身高，是早期海洋中的主要掠食者，部分成员可能已经能够爬上岸。板足鲎是鲎和蛛形纲动物的表亲。

46亿年前	40亿年前		30亿年前

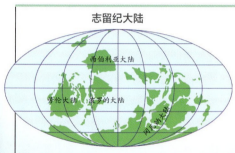

志留纪大陆

西伯利亚大陆

劳伦大陆 波罗的大陆

冈瓦纳大陆

第二次奥陶纪大灭绝事件导致海平面上升和一些低洼地区洪水泛滥。气候变暖，四季不再分明。冈瓦纳大陆仍然位于南极，劳伦大陆横跨赤道（见左图）。较小陆块的碰撞催生了新的山脉。到志留纪末期的时候，所有大陆都紧密地聚集在了一起。

灵活的触手

特征性的Y形分枝

早期植物

顶囊蕨（左图）等最古老的植物有简单的分枝。它们有输送水的维管和更加坚韧的茎干。

长鳞鱼

有颌鱼已经出现，但无颌鱼依然繁荣。长鳞鱼（右图）是淡水鱼，可能会从泥泞的湖床和河床中滤出藻类为食。

海百合

海百合形似植物，但其实是与海星和海胆有亲缘关系的动物。志留纪的海底生活着各种海百合。网海百合（上图）体形不大，头部非常紧凑，还有许多细长的触手。

| 20亿年前 | 10亿年前 | 5亿年前 | 2.5亿年前 | 0 |

泥盆纪

4.19亿~3.59亿年前

在泥盆纪，绿色植物的体形越来越高大，而且开始扩张到陆地的每一个角落。在泥盆纪后期，一些植物演化出了木质组织，最古老的乔木也随之出现。泥盆纪即将结束时的气候更加温暖。干旱现象十分常见，而且会与暴雨季节交替出现。全世界的海平面都有所下降，地球上出现了大沙漠。鱼类的种类越发繁多，因此泥盆纪也常被称为"鱼类时代"。沼泽三角洲和河口为即将走上陆地的动物提供了重要的栖息地。

原杉藻

虽然看起来很像树干，但原杉藻（右图）实际上是真菌。它们能长到8米高，是泥盆纪时期最大的陆地生物。

陆地上的生命

大约在3.7亿年前，第一批四足脊椎动物，如棘螈（右图），勇敢地从水中迁徙到了陆地。它们从肉鳍鱼族群中演化而来，肺鱼是这个族群的现生亲属。这种鱼成对的肉鳍演化成了四肢。

锋利的牙齿表明它们以肉类为食

46亿年前　　40亿年前　　　　　　30亿年前

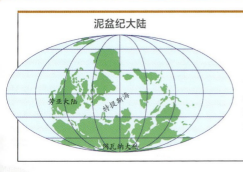

泥盆纪大陆

劳亚大陆　特提斯海

冈瓦纳大陆

在泥盆纪之初，北方的陆地形成了超大陆劳亚大陆，它与冈瓦纳大陆被特提斯海隔开（见左图）。未来的北美洲东部和欧洲西部形成了巨大的山脉。到泥盆纪中期，冈瓦纳大陆和大部分劳亚大陆都已经移动到了赤道以南。后来成为中国和西伯利亚的陆地都还在赤道以北。

泥盆纪的生物

泥盆纪最重要的演化事件便是四足陆生动物诞生。节肢动物也来到了陆地，最古老的昆虫出现了。海洋中遍布披甲无颌鱼和更现代的有颌鱼类。鲨鱼和菊石类（一类软体动物）也很常见。

肺鱼

双鳍鱼（右图）等肺鱼具有原始的肺和鳃，在旱季里它们就躲在防水的泥土洞穴里呼吸空气。

尖尖的鱼鳍

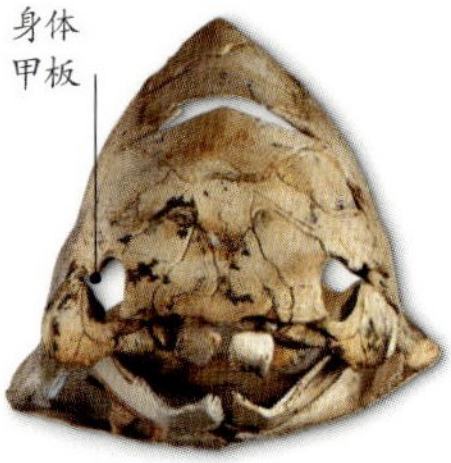

身体甲板

盾皮鱼类

泥盆纪的海洋中生活着很多有颌的盾皮鱼。泥盆纪即将结束的时候，这类生物的长度已经达到了8米。伊斯特盾皮鱼（上图）虽然不到2米长，但依然是可怕的猎手。

早期鲨鱼

泥盆纪晚期的海洋里有大量乌贼、小鱼和甲壳类动物，都是早期鲨鱼的美餐，例如裂口鲨（左图）。这种鲨鱼的身体上没有鳞片。

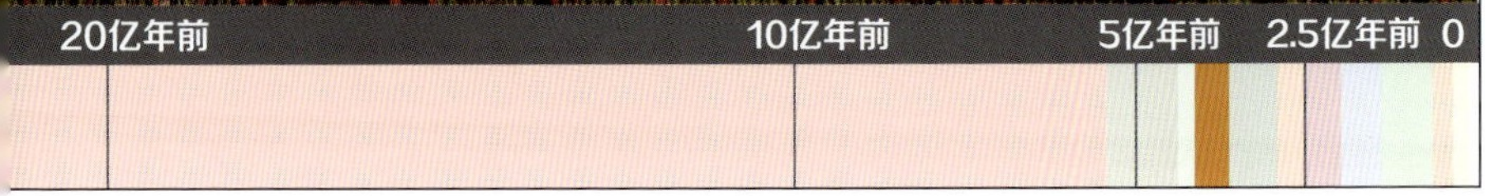

背鳍

石炭纪

3.59亿～2.99亿年前

石炭纪之初的地球几乎都处于热带气候。近岸海域面积巨大，海岸平原上也覆盖着大片沼泽。沼泽是昆虫和两栖动物的天堂。早期两栖动物和蝾螈十分相似，但很快就演化出了多种形态，包括巨型成员。在温暖潮湿的气候中，巨大的数树蕨形成了广阔的森林，也为地球创造出了富氧环境。巨大的木贼、石松和种子植物也欣欣向荣。大量腐烂的植物累积出了厚厚的泥炭层，为日后的煤炭沉积层打下了基础。

石炭纪的生物

当时有许多两栖四足动物，有的类似蝾螈，有的和鳄鱼差不多大小。到石炭纪晚期的时候，可以产下带壳蛋的第一批爬行动物已经出现。早期的爬行动物体形很小，但在陆地上迅速扩张，迁徙到了更干燥的高地。

菱形的树叶突起

树木

鳞木（左图是树皮化石）等巨大的木质树木形成了森林，遍布全球。这株大石松具有柱状树干和骨骼一样伸展的树枝，而且可以长到35米高，树干直径可以超过2米。

小巧且十分结实的身体

最古老的爬行动物？

刚发现西洛仙蜥（右图）时，人们以为它们是最古老的真爬行动物。但现在的研究者认为它们只是似爬行动物。西洛仙蜥的特征表明它们在演化上介于原始四足动物和真爬行动物之间。

昆虫和节肢动物

昆虫和节肢动物在石炭纪里大量繁衍，而且不断演化出新的种类。格雷伊夫虫（上图）属于鞭蝎，有六条腿和一对钳子。

46亿年前	40亿年前	30亿年前

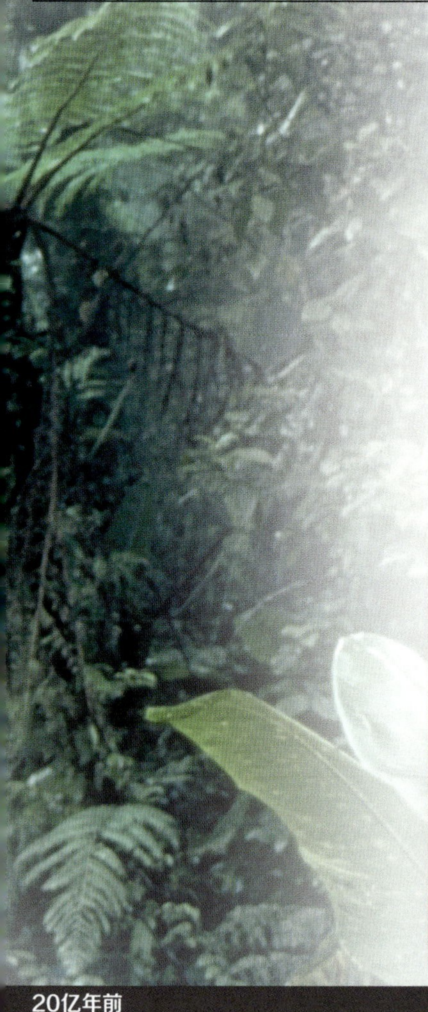

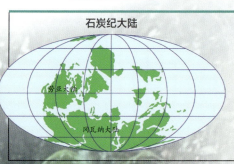

石炭纪大陆

劳亚大陆
冈瓦纳大陆

在石炭纪初期，大部分陆块都并入了两块超大陆：北方的劳亚大陆和南方的冈瓦纳大陆（见左图），后来越靠越近。冈瓦纳大陆又开始向南极移动。随之而来的冰盖扩张和消融在石炭纪后半期至少引发了两个冰河时代。

沼泽中的生物

森林的扩张提高了全球氧含量，也使地球上的气候越来越潮湿，可能这就是地球上出现了体形极大的两栖动物和昆虫的原因。引螈等类似鳄鱼的两栖动物在沼泽底部捕食。最大的石炭纪蜻蜓，翼展可达 75 厘米。一些早期的蝎子体长可超过 60 厘米。

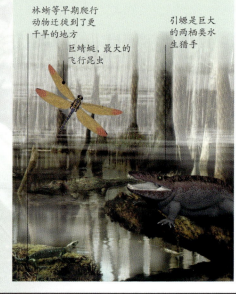

林蜥等早期爬行动物迁徙到了更干旱的地方
巨蜻蜓，最大的飞行昆虫
引螈是巨大的两栖类水生猎手

20亿年前 10亿年前 5亿年前 2.5亿年前 0

二叠纪

2.99亿~2.52亿年前

二叠纪经历了剧烈的气候变化。在二叠纪之初，冈瓦纳超大陆仍然处于冰河时期。向北移动使它在接下来的几百万年中逐渐变暖。劳亚超大陆的大部分地区都变得非常炎热干燥，形成了大片的沙漠。这些环境变化对两栖动物造成了严重的打击：它们只能生活在日益减少的潮湿地区，许多物种都宣告灭绝。这就为爬行动物的扩张和多样化提供了机会。二叠纪末的大陆隆起和更极端的气候变化导致了有史以来规模最大的灭绝事件。超过一半的动物物种就此消失。

二叠纪的生物

爬行动物继续快速扩张。当时占主导地位的陆生动物是下孔类（似哺乳类爬行动物）。到二叠纪中期的时候，这类动物中已经演化出了兽孔类。后者随后演化出类似哺乳动物的犬齿兽。

骨质棘刺

锯齿龙类

大型原始植食性爬行动物。埃尔金龙（左图为头骨化石）是比较小的锯齿龙类成员，也是最后的成员。

早期爬行动物

前棱蜥（右图）属于副爬行动物，后者是爬行动物的一个演化支。前棱蜥可能以昆虫为食。更晚期的成员体形更大，还演化出了食用植物的牙齿。

棘刺底部的宽大脊椎

造就了滚圆身体的肋骨

46亿年前　　　　40亿年前　　　　　　　　30亿年前

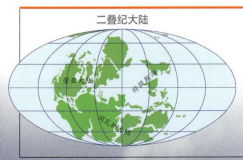

二叠纪大陆

在整个二叠纪期间，北方的劳亚大陆和南方的冈瓦纳大陆在不断靠近（见左图）。到二叠纪末期的时候，它们相撞形成了巨大的超大陆——盘古大陆。这片大陆横跨赤道，东边是特提斯海。许多滨岸浅海消失，内陆沙漠地区大幅度扩张，全球海平面下降。

下孔类

这类早期二叠纪掠食者中最著名的成员之一当属异齿龙（左图），它们具有由骨杆支撑独特的背帆，可能用于热交换或吸引配偶。

巨大的利齿表明它们是肉食性动物

中生代

恐龙时代

中生代几乎持续了 1.8 亿年，包括三个时代：三叠纪、侏罗纪和白垩纪。全球气候在三叠纪里不断变得更热更干燥，最初的恐龙和哺乳动物也是诞生于这个时代。在侏罗纪里，苍翠的森林几乎占据了陆地的每一个角落，恐龙和翼龙（飞行爬行动物）欣欣向荣。当时，巨大的蜥脚类恐龙是地球上有史以来最庞大的陆生动物。最初的鸟类和新的哺乳动物也演化了出来。气候在白垩纪开始转凉，最初的开花植物出现于白垩纪初期。有胎盘哺乳动物诞生，鸟类演化出了更多种类。在中生代末期，终结白垩纪的大灭绝让恐龙彻底消失。

三叠纪

2.52亿～2.01亿年前

在二叠纪末期的大灭绝之后，海洋和陆地几乎成了生命的荒野。地球生态系统花费了大约1000万年时间才得以恢复。在三叠纪里，幸存的爬行动物群体再次遍布大地，第一批真正的恐龙也演化了出来。陆地的很大一部分都位于赤道带，内陆地区交替出现季风大雨和干旱。气候普遍温暖，极地没有冰盖。这些条件都有利于某些植物，例如性喜干旱的种子蕨和针叶树，以及更青睐潮湿地区的木贼。三叠纪末期的气候更加干燥。

三叠纪的生物

称霸二叠纪陆地的下孔类大多都没有存活到三叠纪。幸存下来的族群再次蓬勃发展，但很多生态位都被新的爬行动物族群夺走，后者就是主龙类和喙头龙类（历史短暂的无孔类爬行动物）。地球上也出现了几种水生爬行动物，包括幻龙类、楯齿龙类和鱼龙类。晚三叠世见证了恐龙、鳄类、翼龙、龟类和原始哺乳动物的诞生。

蜥臀类的骨盆结构

长趾骨

犬齿兽

犬齿兽（似犬哺乳动物远亲）幸存到了三叠纪。犬颌兽（上图）是三叠纪的大型肉食性犬齿兽成员。

最古老的恐龙

第一批恐龙大约在2.3亿年前诞生。发现于阿根廷的埃雷拉龙（右图）和始盗龙可能是最古老的恐龙之一。两者都是敏捷的两足猎手。

46亿年前	40亿年前	30亿年前

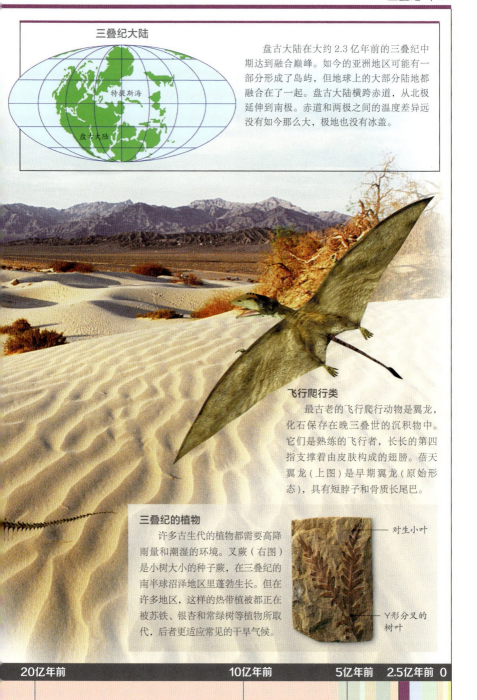

三叠纪大陆

特提斯海

盘古大陆

盘古大陆在大约 2.3 亿年前的三叠纪中期达到融合巅峰。如今的亚洲地区可能有一部分形成了岛屿，但地球上的大部分陆地都融合在了一起。盘古大陆横跨赤道，从北极延伸到南极。赤道和两极之间的温度差异远没有如今那么大，极地也没有冰盖。

飞行爬行类

最古老的飞行爬行动物是翼龙，化石保存在晚三叠世的沉积物中。它们是熟练的飞行者，长长的第四指支撑着由皮肤构成的翅膀。蓓天翼龙（上图）是早期翼龙（原始形态），具有短脖子和骨质长尾巴。

三叠纪的植物

许多古生代的植物都需要高降雨量和潮湿的环境。叉蕨（右图）是小树大小的种子蕨，在三叠纪的南半球沼泽地区里蓬勃生长。但在许多地区，这样的热带植被都正在被苏铁、银杏和常绿树等植物所取代，后者更适应常见的干旱气候。

对生小叶

Y形分叉的树叶

双孔类

二叠纪末期大灭绝之后，幸存下来的双孔类慢慢恢复过来，开始占据曾经属于下孔类的生态位。大多数主要双孔类族群都是在大灭绝之前出现，但在三叠纪里经历了大规模演化辐射。在三叠纪早期，部分双孔类返回海洋，催生了鱼龙类和鳍龙类，但是这两个族群的具体起源仍不明确。楯齿龙类是成功的海洋生物，但没能躲过三叠纪—侏罗纪大灭绝。它们演化出了类似海龟的外壳来抵御肉食性鳍龙类，但和海龟只是远亲。鳞龙类也成员众多，最初的有鳞类在早三叠世就已经出现（蜥蜴和蛇所属的类群）。最成功的三叠纪双孔类是主龙形类，包括伪鳄类和恐龙，还有一些没有现代后裔的族群，例如翼龙、植龙和喙头龙。翼龙是第一种演化出有动力飞行能力的脊椎动物，它们在早三叠世就飞上了天空。伪鳄类是一个庞大的族群，也是现代鳄类的远亲。它们在三叠纪的大部分时间里都是陆地霸主，而且极其多样，包括顶级肉食性动物、笨拙的植食性动物，以及灵活的两足动物。但由于尚不明确的原因，它们在三叠纪末期慢慢被恐龙所取代。最古老的恐龙是小型肉食性动物，但三叠纪末期就已经出现了大型植食性蜥脚形类，例如板龙。

族群：鳍龙类	亚群：楯齿龙类	生存时间：2.37亿～2.27亿年前

无齿龙（*Henodus*）

无齿龙（拉丁名意为"单齿"）是身披甲壳的楯齿龙成员，外形和现生海龟十分类似。它们的身体长而宽，背部和腹部具有很多骨质多边形甲板形成的防御性外壳。外壳上还覆盖着坚韧的角质。无齿龙生活在近岸海洋环境中。它们有奇特的正方形吻部，口腔每边都有一颗牙齿。嘴前面还有一个角质喙，类似于现代海龟。无齿龙通过吮吸和滤食从海底采食植物。它们带有爪子的短足部可能有蹼。

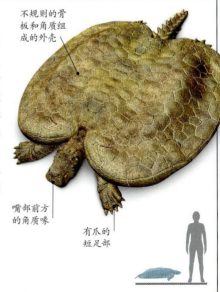

不规则的骨板和角质组成的外壳

嘴部前方的角质喙

有爪的短足部

命名者	许纳，1936 年
栖息地	潟湖

体长：1米	体重：未知	食物：植物或滤食

族群: 鳍龙类	亚群: 楯齿龙类	生存时间: 2.43亿~2.35亿年前

楯齿龙 (Placodus)

楯齿龙几乎没有适应水生生活的特征，它们身体结实、脖子短、四肢外展。但脚趾之间有皮蹼，而且尾巴呈横向扁平状。尾部可能有鳍。楯齿龙(拉丁名意为"扁牙")的牙齿指向前方，以便从岩石上撬下贝类。上颌的扁平牙齿可以和下颌的其他牙齿咬合，从而产生强有力的挤压来咬碎贝壳。

扁平的牙齿

下颌　　　　上颌

命名者 阿加西，1843 年

栖息地 海岸

五趾展开的足部

腹肋形成保护性的外层

体长: 2米	体重: 未知	食物: 贝类、甲壳类

族群: 鳍龙类	亚群: 楯齿龙类	生存时间: 2.27亿~2.01亿年前

砾甲龙 (Psephoderma)

这种比较著名的楯齿龙成员和海龟非常相似。它们的身体扁而宽，覆盖着六角形甲板。四肢呈桨状。砾甲龙(拉丁名意为"卵石皮肤")的咬合力很强，嘴部前方有角质喙，可以用来捕捉贝类。它们会利用牙齿和颌部力量咬碎捕捉到的贝壳。

有蹼足部是可以高效划水的"桨"

类似海龟的角质喙

命名者 冯·梅耶，1858 年

栖息地 浅海

多边形甲板覆盖的外壳

体长: 1.8米	体重: 未知	食物: 贝类、甲壳类

| 族群：鳍龙类 | 亚群：幻龙类 | 生存时间：2.42亿年前 |

色雷斯龙（*Ceresiosaurus*）

色雷斯龙（拉丁名意为"卢加诺的蜥蜴"）的脚趾要比其他幻龙类成员长得多，因为它们具有多趾骨型脚趾（足骨增多）。它们的足部可能有蹼，而且很长，可见能够形成高效游泳的鳍状肢。前肢长于后肢，表明主要用于转向。色雷斯龙游泳的时候会用更大的前鳍状肢做出各种动作，以便推动身体前进和上下起伏。

命名者 派尔，1931 年
栖息地 浅海

宽大的扁尾巴

长而灵活的脖子

流线型的身体

鼻孔在头部非常高的位置

前肢长于后肢

| 身长：3米 | 体重：90千克 | 食物：鱼类 |

| 族群：鳍龙类 | 亚群：幻龙类 | 生存时间：2.47亿～2.37亿年前 |

欧龙（*Lariosaurus*）

欧龙是海生爬行动物幻龙类中的小型成员。它们具有原始的水生特征。脖子和脚趾都很短，后足上的皮蹼也很小，因此对游动没有太大帮助。前足形成了桨状鳍状肢。和幻龙类的其他成员一样，欧龙也有灵活的膝关节和踝关节。一具成年欧龙的化石中保存着胚胎化石，表明它们会直接产出幼崽，这样就不需要在繁殖的时候返回陆地了。

命名者 克里奥尼，1847 年
栖息地 沿海浅滩

| 体长：60厘米 | 体重：10千克 | 食物：鱼类、虾 |

族群：鳍龙类	亚群：幻龙类	生存时间：2.40亿～2.10亿年前

幻龙（*Nothosaurus*）

　　幻龙（拉丁名意为"假蜥蜴"）是典型的幻龙类成员。它们的身体、脖子和尾巴都长且灵活，体态呈比较明显的流线型。部分化石的五趾之间留下了皮蹼印记。头部细长，颌部有很多锋利的细牙，可以在口腔闭合时相互咬合。鼻孔位于头部高位，距离眼睛很近。

命名者 明斯特，1834 年
栖息地 沿海地区

长尖牙

细长的尾巴

流线型的修长身体

比较长的脖子

灵活的膝关节和踝关节

有蹼的五趾足部

蹼指形成原始鳍状肢

身长：3米	体重：80千克	食物：鱼类、虾

流线型并不很明显的修长身体

较长且灵活的尾巴

原始的桨状鳍状肢

五根略微有蹼的带爪脚趾

族群：鱼龙类	亚群：鱼龙类	生存时间：2.47亿~2.42亿年前

混鱼龙（*Mixosaurus*）

这种"混合爬行类"可能是介于原始鱼龙和更进步成员之间的中间形态。它们具有鱼一样的身体，是进步鱼龙类的特征，背上还有背鳍。但尾巴末端只有一个小鱼鳍。鳍状肢很短，前肢比后肢更长。

命名者 鲍尔，1887 年

栖息地 海洋

退化的尾鳍

小背鳍

短短的后鳍状肢

长而窄的颌部，有锋利的牙齿

体长：1米	体重：未知	食物：鱼类

族群：鱼龙类	亚群：鱼龙类	生存时间：2.37亿~2.10亿年前

秀尼鱼龙（*Shonisaurus*）

秀尼鱼龙（拉丁名意为"肖肖尼山的爬行动物"）是目前发现的最大的鱼龙。它们具有典型的鱼龙形态，头部和颈部、身体和尾部的长度相等。但也有几个特征表明它们和主要的鱼龙族群有所不同。例如颌部很长，只有前部有牙齿。鳍状肢也异乎寻常的长，而且前后肢的长度相等。

命名者 康普，1976 年

栖息地 海洋

退化的尾鳍

大眼睛

尖利的细牙齿

细长的颌部

前后鳍状肢的长度相同

极为细长的鳍状肢

体长：21米	体重：20.3~35.5 吨	食物：鱼类、乌贼和其他头足类动物

族群：双孔类	亚群：长颈龙类	生存时间：2.3亿年前

长颈龙（*Tanystropheus*）

这是有史以来最古怪的爬行动物之一。它们的脖子长得令人难以置信，但仅有 13 块椎骨。极长的椎骨一开始被误认成了腿骨。这种长度的脖子既不适合行走也不适合游泳，因此人们对它们的生活方式做出了很多猜测。目前的观点认为，它们会利用脖子从海岸、湖岸或浅水区捕鱼。

命名者 冯·梅耶，1852 年
栖息地 海岸线

脖子的长度占体长的一半

细长的前肢和小手

长长的足部可能有蹼

渔猎场
长颈龙的脖子极长，所以它们躺在湖边或海边就可以捕食水里的鱼。

体长：6米	体重：150千克	食物：鱼类

族群：主龙形类	亚群：喙头龙类	生存时间：2.3亿～2.27亿年前

异平齿龙（*Hyperodapedon*）

这种喙头龙类成员在三叠纪中期十分常见。它们具有粗短的桶状身体，脑袋很大，尾巴比较长。嘴部末端有喙，用于啄食植物，牙齿很适合切碎坚韧的植物。上颌有好几排牙齿。中间一排牙齿上有沟槽穿过，口腔闭合的时候，下颌仅有的一排牙齿就会嵌入沟槽。

命名者 赫胥黎，1859 年
栖息地 林地

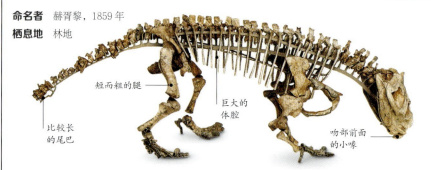

短而粗的腿

巨大的体腔

比较长的尾巴

吻部前面的小喙

体长：1.2米	体重：40千克	食物：种子蕨

| 族群:主龙形类 | 亚群：主龙形类 | 生存时间：2.52亿～2.47亿年前 |

古鳄（*Proterosuchus*）

古鳄是最古老的主龙类之一。它们具有巨大沉重的身体，腿部和身体呈一定角度伸出，因此具有类似蜥蜴的外展步态。它们的生活方式可能类似于鳄类，大部分时间都在河流中狩猎。牙齿锋利且向后弯曲，上颌也有原始的牙齿。尖锐的吻部向下弯曲。

命名者 布鲁姆，1903 年
栖息地 河岸

沉重的
长尾巴

有长吻部的
大脑袋

外展的粗
壮四肢

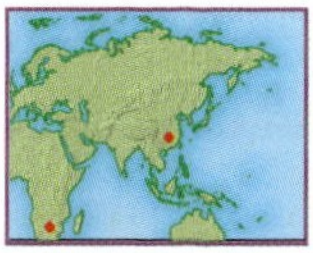

| 体长：2米 | 体重：未知 | 食物：鱼类、植食性二齿兽类 |

| 族群：主龙形类 | 亚群：伪鳄类 | 生存时间：2.22亿～2.12亿年前 |

副鳄（*Parasuchus*）

副鳄（拉丁名意为"接近鳄鱼"）的体形和现生鳄鱼十分相似。它们的颈部和背部有大量甲板（鳞甲），腹部有密集的肋骨加强保护。头骨很长，具有细长的吻部。下颌长有锥形牙齿。鼻孔位于头顶，因此副鳄可以在水下呼吸。

命名者 莱德克，1885 年
栖息地 河岸和沼泽地

背部有沉重的
鳞甲保护

位于吻部上
方的鼻孔

| 体长：2.5米 | 体重：未知 | 食物：鱼类 |

族群：主龙形类	亚群：伪鳄类	生存时间：2.35亿～2.06亿年前

锹鳞龙（*Stagonolepis*）

　　和其他同类一样，锹鳞龙也是植食性动物，身体低矮粗壮，可以容纳更长的肠道，以便消化植物。它们身披重甲，矩形的甲板覆盖了整个背部和尾部。身体两侧各有一排短刺，腹部和尾巴下方还覆盖着更多骨板。

命名者 阿加西，1844 年
栖息地 森林

矩形的骨板

颌部后方的钉状牙齿

五趾足部

体长：2.5米	体重：200 千克	食物：植物

族群：主龙形类	亚群：伪鳄类	生存时间：2.28亿～2亿年前

链鳄（*Desmatosuchus*）

　　链鳄（拉丁名意为"链条鳄鱼"）的装甲特别厚重，形似短吻鳄鱼。它们的背部和尾部有一排排矩形甲板，身体两侧还各有一排短刺。肩膀上有长长的棘刺。腹部下方也覆盖着骨板。身体粗长，腿部较短。脸颊的钉状牙齿很脆弱。

命名者 凯斯，1920 年
栖息地 森林

沿背部和尾部分布的矩形骨板

无牙的吻部

肩部棘刺长达 45 厘米

体长：5米	体重：300 千克	食物：植物

族群: 主龙形类	亚群: 主龙形类	生存时间: 2.35亿年前

派克鳄（*Euparkeria*）

派克鳄是早期主龙类，后肢和前肢之比大于同时代的爬行动物，因此显得与众不同。它们可能大部分时间都四肢并用，但可以用后肢站起来奔跑。尾巴的重量约占体重的一半，并且可以在奔跑时向后伸出保持平衡。它们体形不大，身体细瘦，背部和尾部中间覆盖着薄薄的骨板。头部大而轻，具有诸多向后弯曲的锯齿状利齿，可见是以肉类为食。

命名者 布鲁姆, 1913 年
栖息地 林地

轻薄骨板构成的背部突起

头部虽大但并不沉重

四指手部

体长: 60 厘米	体重: 13.5千克	食物: 肉类

族群: 主龙类	亚群: 翼龙类	生存时间: 2.27亿~2.08亿年前

蓓天翼龙（*Peteinosaurus*）

蓓天翼龙（"有翼蜥蜴"）是第一种具有主动扑翼飞行结构的脊椎动物。它们的骨骼和现代鸟类一样轻盈，长尾巴因骨质韧带而硬直，可以在飞行过程中保持稳定。它们具有锥形牙齿，可以咬碎昆虫。

命名者 怀尔德, 1978 年
栖息地 沼泽和河谷

从第四指伸展的翼膜

大而轻的头部

骨质长尾巴

体长: 60 厘米	体重: 未知	食物: 飞行的昆虫

族群：主龙类	亚群：翼龙类	生存时间：2.17亿～2.08亿年前

真双型齿翼龙（Eudimorphodon）

这是典型的翼龙，头大颈短，骨质长尾巴因骨性韧带网而硬直。它们具有菱形尾尖襟翼，可能发挥着舵的作用。胸骨结构表明它们能够扇动翅膀。

命名者 赞贝利，1973 年
栖息地 岸边

明显的异型齿

连接在第四指上的翼膜

体长：70厘米	体重：未知	食物：鱼类

族群：主龙类	亚群：恐龙形类	生存时间：2.3亿年前

兔鳄（Lagosuchus）

兔鳄和恐龙来自同一个族群，不过本身不太可能是恐龙的直系祖先。它们和早期的小型兽类十分相似，身体轻盈纤细，尾巴长而灵活，后肢细长，小腿要比大腿长得多。兔鳄是依靠后肢奔跑的。

命名者 罗默，1971 年
栖息地 森林

细长的吻部

大腿短于小腿

长足部

体长：30厘米	体重：90克	食物：肉类

族群：蜥臀类	亚群：埃雷拉龙类	生存时间：2.33亿年前

噬颌龙（*Gnathovorax*）

噬颌龙（拉丁名意为"吞食下颌"）是骨架最完整的埃雷拉龙类成员。针对牙齿的分析表明它们是肉食性动物，食物可能包括喙头龙类和犬齿兽类，巴西发现的噬颌龙骨架中就保存着这两种动物的遗骸。它们的大脑还很原始，但控制眼睛和头部的区域增大，可能是为了适应掠食性生活。

命名者 帕凯科等人，2019 年

栖息地 半干旱滨海平原

原始的大脑

食肉的锋利牙齿

可以抓握的四指手部

体长：2米	体重：未知	食物：肉类

族群：蜥臀类	亚群：埃雷拉龙类	生存时间：2.31亿～2.25亿年前

南十字龙（*Staurikosaurus*）

南十字龙（拉丁名意为"南十字蜥蜴"）是原始的两足恐龙。它们具有典型的兽脚类身体：细长的尾巴、长而有力的后肢和短手臂。背部在奔跑时和地面平行，尾巴用于平衡。下颌的关节让后部的牙床可以独立活动。

命名者 科尔伯特，1970 年

栖息地 森林和灌木丛

细长的头部

纤细轻巧的身体在臀部水平保持平衡

五指手部

细长的后肢和长长的足部

体长：2米	体重：20～40千克	食物：肉类

族群：蜥臀类	亚群：埃雷拉龙类	生存时间：2.28亿年前

埃雷拉龙（*Herrerasaurus*）

研究者在 20 世纪 90 年代发现了完整的埃雷拉龙（拉丁名意为"埃雷拉的蜥蜴"）骨架，分析表明它们是最原始的恐龙之一。但古生物学家仍在争论它们能否归入兽脚类。埃雷拉龙是敏捷的猎手，或许能够捕食速度较慢的生物，例如异平齿龙（参见第 43 页）。它们有强壮的后肢和用于保持平衡的长尾巴，背部可能会在奔跑的时候和地面平行，以使身体在腰带水平保持平衡。颌部长有锋利的后弯长牙。新的证据表明，它们的吻部没有逐渐变细，而是比较方正。

命名者 雷格，1963 年
栖息地 林地

吻部的小凸起

锋利的长牙

可能有鳞的皮肤

尾巴伸直以保持平衡

结实的大腿

三根手指上的爪子

因孔洞而比较轻盈的头骨

四趾足部

长而灵活的尾巴

强壮的手臂和手部，手部可以抓握

肱骨前缘的突起

骨骼复原

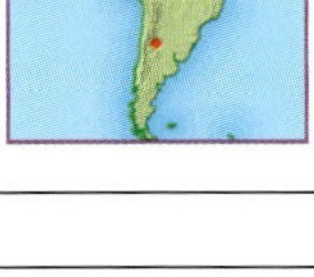

体长：3.1米	体重：210千克	食物：肉类

族群：蜥臀类	亚群：蜥脚形类	生存时间：2.1亿年前

埃弗拉士龙（Efraasia）

这种早期的蜥脚形类恐龙得名于发现者 E. 弗拉斯（E. Fraas）。它们身体轻巧，头部很小，脖子较长，尾巴很长。腿部长于手臂，五指手部上有一个巨大的拇指爪。它们可能会在采食植物的时候四肢并用，但仅依靠后肢奔跑。

鼻孔在吻部上的位置十分靠前

灵活的尾巴

命名者 高尔顿，1973 年
栖息地 干旱高原

手部有五根长长的手指

体长：6.5米	体重：400千克	食物：植物，可能也会吃肉

族群：蜥臀类	亚群：蜥脚形类	生存时间：2.03亿～2.01亿年前

槽齿龙（Thecodontosaurus）

这种恐龙是人类最早发现的恐龙之一，但其恐龙的身份在很久之后才得到证实。槽齿龙是最原始的蜥脚形类恐龙，因为锯齿状的牙齿嵌在颌骨牙槽中而得名。它们的头部较小，尾巴很长。虽然主要依靠两足行动，但似乎有一些四肢行走的能力。

较短的颈部

小脑袋

命名者 莱利和斯塔齐伯里，1836 年
栖息地 沙漠平原、干旱高地

四趾足部

巨大的拇指爪

体长：2.1米	体重：50千克	食物：植物，但也可能是杂食性

族群：蜥臀类	亚群：蜥脚形类	生存时间：2.14亿～2.04亿年前

板龙（*Plateosaurus*）

　　板龙（拉丁名意为"宽大的蜥蜴"）是晚三叠世里最常见的恐龙之一。大量化石表明，板龙可能过着群居生活，而且会为了避免季节性干旱而迁徙。它们用后肢行走，采食高处的植物。拇指有一定对掌能力，可以抓握食物。它们的小头骨比大多数蜥脚形类动物都高，而脖子更短更细。板龙有许多叶状小牙齿，下颌关节位置较低，以便提高咀嚼能力。这些因素表明它们主要以植物为食。板龙的鼻腔很大，但原因尚不明确。

命名者 冯·梅耶，1837 年

栖息地 干旱平原、沙漠

形似喙的上颌

较短但灵活的细脖子

庞大的身体

下颌的关节位置较低

强壮的大腿骨

长手指和手骨

灵活的尾巴大约占体长的一半

骨架复原

后肢长于前肢

带爪手指

三根朝前的带爪脚趾

体长：8米	体重：4吨	食物：树叶、少量肉类

族群: 蜥臀类	亚群: 蜥脚形类	生存时间: 2.28亿年前

始盗龙（*Eoraptor*）

始盗龙（拉丁名意为"黎明盗龙"）是最古老的恐龙之一。它们体形极小、身体轻盈、骨骼中空，属于两足肉食性动物。头部细长，有许多锋利的小牙齿。手臂远短于腿部，具有五指手部，不过有两根手指退化。始盗龙似乎没有主要恐龙族群的特化特征，所以是最古老的恐龙。

命名者 塞雷诺等人，1993 年

栖息地 森林

小而锋利的牙齿

五指手部

体长: 1米	体重: 10千克	食物: 肉类

族群: 蜥臀类	亚群: 兽脚类	生存时间: 2.13亿～1.9亿年前

腔骨龙（*Coelophysis*）

腔骨龙（拉丁名意为"空心脸"）是小巧轻盈的早期恐龙，得名于头骨上的开孔。它们身体细长，头部很尖，具有许多锯齿状的小牙齿。因为在美国的新墨西哥州发掘出了数十具化石，让腔骨龙名声大噪（见右图）。很多化石都包含着猎物的遗骸。曾有人认为遗骸属于幼年腔骨龙，因此是同类相食的证据。但现在的研究者认为这些骨骼属于某种鳄形类动物。

小而尖的牙齿

手部有三根手指和退化的第四指

命名者 柯普，1889 年

栖息地 沙漠平原

体长: 2米	体重: 12千克	食物: 肉类，可能包括鸟类、腐肉

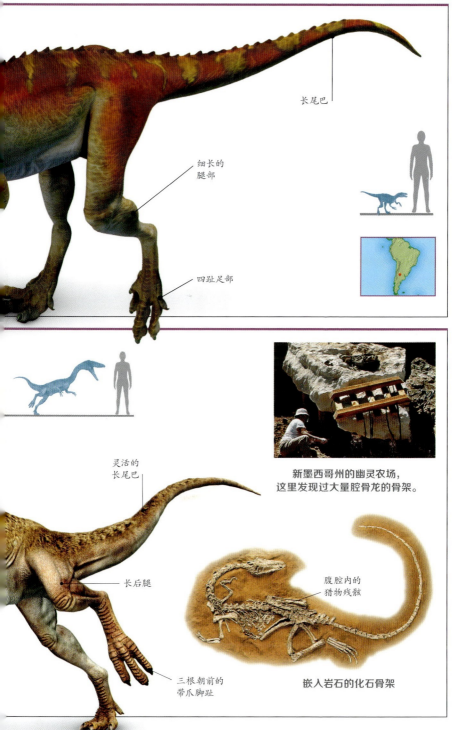

长尾巴

细长的
腿部

四趾足部

灵活的
长尾巴

长后腿

三根朝前的
带爪脚趾

新墨西哥州的幽灵农场，
这里发现过大量腔骨龙的骨架。

腹腔内的
猎物残骸

嵌入岩石的化石骨架

下孔类

在二叠纪末期的大灭绝中，下孔类遭到的打击尤其严重。取代盘龙类成为二叠纪的主要下孔类族群的兽孔类只留下了少数幸存者。它们大多是快速繁殖的小型穴居动物，能够快速适应早三叠世严酷的环境。二叠纪的顶级掠食者丽齿兽类在二叠纪末期灭绝。二齿兽类幸存了下来，而且在早三叠世里十分常见，遍布世界的每一个角落。和双孔类的喙头龙一样，二齿兽类成了重要的大型植食性动物，利索维斯兽等成员和大象一般大小。尽管如此成功，它们还是在三叠纪末宣告灭绝。

犬齿兽类也是幸存下来的兽孔类成员，它们最终占据了广泛的生态位，包括大型肉食性动物和植食性动物。但小型犬齿兽类才最为成功。这些夜行性食虫动物高度特化，演化出了复杂的牙齿、敏锐的听力和保温的毛皮。这些变化都与新陈代谢转变有关，小型犬齿兽类动物开始自己维持和调节体温。这种新的生活方式需要大量能量维持，但有助于它们在各种环境下保持活跃。犬齿兽类是三叠纪里唯一的下孔类，作为它们后裔的哺乳动物繁荣至今。

族群：兽孔类	亚群：二齿兽类	生存时间：2.47亿～2.42亿年前

中国肯氏兽（*Sinokannemeyeria*）

这种长吻动物属于下孔类中的二齿兽类（拉丁名意为"双犬齿"），是非常成功的陆生植食者。它们头部很大，具有容纳眼睛、鼻孔和下颌肌肉的巨大开口，也减轻了头骨的重量。下颌和头骨之间的屈戊关节使下颌能够完成前后移动的剪切动作。尽管颌部没有牙齿，它们也可以凭借这种动作来碾碎最坚韧的植物。颌部前面有一个覆盖角质的小喙，上颌的球状突起上长有两颗小獠牙。獠牙可能是用于挖掘根茎。中国肯氏兽的腿比较粗短，略微向身体两侧外展。肢带是巨大沉重的骨板，以支撑粗壮的身体。它们可能无法迅速灵活地行动。

命名者 杨钟健，1937 年

栖息地 平原和林地

颌肌的巨大附着点

大眼眶

口腔前面有类似海龟的角质喙部

扁平足部上的宽大脚趾

体长：1.8米	体重：100千克	食物：植物

族群: 兽孔类	亚群: 二齿兽类	生存时间: 2.55亿~2.5亿年前

水龙兽 (*Lystrosaurus*)

　　水龙兽(拉丁名意为"铲子蜥蜴")是早期二齿兽类成员,身体沉重,尾巴粗短,还具有两颗类似象牙的角质长牙。研究者曾经认为它们是爬行动物中的河马,因为它们具有向下弯曲的长鼻子和位于吻部高处的鼻孔。但新的分析表明它们生活在陆地上。它们的头骨和颌部特征适合高纤维饮食,骨盆发育良好,后肢半直立。

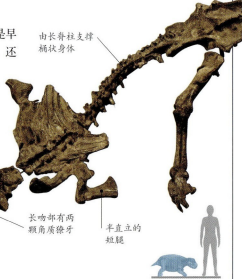

由长脊柱支撑桶状身体

长吻部有两颗角质獠牙

半直立的短腿

命名者 柯普,1870 年
栖息地 干燥的泛滥平原

体长: 1米	体重: 92千克	食物: 植物

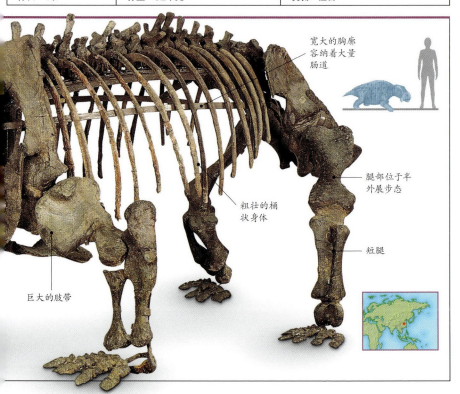

宽大的胸廓容纳着大量肠道

腿部位于半外展步态

短腿

粗壮的桶状身体

巨大的肢带

族群：兽孔类	亚群：二齿兽类	生存时间：2.20亿~2.16亿年前

布拉塞龙（Placerias）

布拉塞龙是身体结实的强大动物，具有典型的二齿兽类颌部结构。颌部边缘没有牙齿，只有靠近口腔前方的两颗角质獠牙。吻部的尖端末端是用于挖掘植物根部的喙。它们是最后的二齿兽类成员之一。

命名者 卢卡斯，1904 年
栖息地 泛滥平原

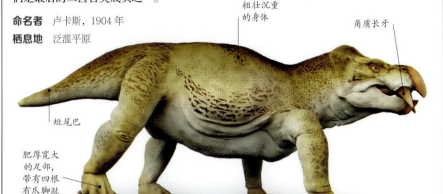

粗壮沉重的身体

角质长牙

短尾巴

肥厚宽大的足部，带有四根有爪脚趾

体长：1.2~3.5米	体重：可达1吨	食物：植物

族群：兽孔类	亚群：犬齿兽类	生存时间：2.47亿~2.37亿年前

犬颌兽（Cynognathus）

这种肉食性动物和狼一般大小，是十分凶猛的三叠纪掠食者。它们是犬齿兽类（"犬齿"下孔类）中最庞大的成员，身体十分健壮，有力的腿部位于身体正下方，尾巴比大多数其他爬行动物都要短。头部长度超过30 厘米。研究者认为它们可能是恒温动物，皮肤上或许有毛发覆盖，而且是通过产卵繁殖。犬颌兽（拉丁名意为"狗颌部"）有狗一样的牙齿，包括用于切割的门牙、长长的犬齿和一组负责剪切的颊齿。下颌可以大大张开，咬合力很强。

命名者 西利，1895 年
栖息地 林地

大眼眶

头骨化石

长长的犬齿

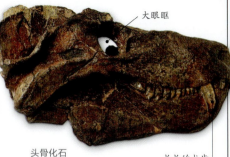

体长：1.5米	体重：40~50千克	食物：植食性动物

族群: 兽孔类	亚群: 犬齿兽类	生存时间: 2.51亿~2.47亿年前

三尖叉齿兽（*Thrinaxodon*）

身体上可能覆盖着毛发

带有三个锋利尖部的牙齿

等长的脚趾

　　这种结实的小型肉食性动物具有长长的身体，明确分为胸区和腰区（脊椎动物中首次出现这种特征）。分界线是仅存于胸椎上的肋骨。这表明三尖叉齿兽（拉丁名意为"三叉齿"）可能演化出了现代哺乳动物的横膈。一块足骨演化成了跟骨，因此足部可以抬离地面，提高奔跑效率。牙齿固定在一块骨头上，使颌部更有力。

命名者 西利，1894 年

栖息地 林地

体长: 50 厘米	体重: 未知	食物: 肉类

族群: 犬齿兽类	亚群: 哺乳形类	生存时间: 2.08亿~1.74亿年前

始带兽（*Eozostrodon*）

多尖白齿

颌骨

　　这种形似鼩鼱的动物是最古老的真哺乳动物之一。它们可能依然是通过产卵繁殖，但会用乳腺产生的乳汁哺育幼崽。四条短腿略微外展，足部具有五根带爪脚趾。尾巴很长，可能有毛。吻部细长，具有真正的哺乳动物牙齿（颊齿由简单的前臼齿和多尖白齿组成，一生中只更换一次）。大眼睛表明始带兽是夜行猎手，锋利的牙齿表明它们主要以昆虫和小动物为食。最近的分析提出这类动物不同于后来命名的摩尔根兽。

命名者 帕灵顿，1941 年

栖息地 树林地面

覆盖着浓密毛发的小身体

细尖的吻部，可能有胡须

大眼睛

短腿

五根带爪脚趾

体长: 10 厘米	体重: 150克	食物: 昆虫、小型动物

侏罗纪

2.01亿～1.45亿年前

侏罗纪初期的世界依然炎热干旱。但大规模的大陆运动使侏罗纪的气候不断改变：降雨量增加减少了沙漠面积，气候更加潮湿，各个栖息地也逐渐变得更加苍翠丰饶。不过，湖泊沉积表明侏罗纪里有数百万次干旱和降雨周期。大部分侏罗纪植物仍然是原始的裸子植物。蕨类植物、木贼和苔藓植物也欣欣向荣，它们组成的巨大的森林遍布全球。大陆运动造就了温暖的浅海，里面遍布珊瑚礁和新的海洋生物，包括大型爬行动物。翼龙蓬勃发展，最早的鸟类也在侏罗纪末期诞生。

侏罗纪的生物

早期的两足蜥脚形恐龙依然在早侏罗世的栖息地里占据着主导地位，但逐渐被巨型蜥脚类所取代，例如迷惑龙。这个时期里诞生了最古老的装甲恐龙，也就是剑龙。演化出防御盔甲可能是为了对付越来越庞大的肉食性恐龙。第一批真正的哺乳动物出现，很可能通过保持小体形和主要在夜间活动而幸存下来。

较短的尾巴

由极长的第四指支撑的翅膀

海洋掠食者

侏罗纪温暖的海洋里随处可见巨大的上龙，例如滑齿龙（上图）。它们以大型猎物为食，包括其他海洋爬行动物，还演化出了高效的"飞行"动作在水中快速游泳。

较晚期的翼龙

晚侏罗世出现了新的翼龙，例如蛙嘴龙（上图）。它们的主要特征是尾巴很短，因此在空中更加敏捷。

46亿年前	40亿年前	30亿年前

侏罗纪大陆

在侏罗纪初期，赤道以南再次出现了超大陆，也就是冈瓦纳超大陆。这片大陆（见左图）后来分裂形成了澳大利亚、南极洲、印度、非洲和南美洲陆块。劳亚超大陆（包括未来的北美洲和欧洲）在北半球开始形成。

多样性

恐龙的体形在早侏罗世里变得更加庞大，这个趋势贯穿了整个侏罗纪。正因为如此，哺乳动物（如下图的中华尖齿兽）和蜥蜴往往体形颇小，以维持自己的生态位。在海洋中，类似鱼的海生爬行动物鱼龙类进入了鼎盛时期，和其他海洋掠食者分享着温暖的侏罗纪海洋，例如蛇颈龙、鲨鱼和咸水鳄。

树木

许多常绿树木森林遍布世界。南洋杉属于针叶树。左图是松果化石。

20亿年前　　　　　　10亿年前　　　5亿年前　　2.5亿年前　0

兽脚类

侏罗纪见证了恐龙真正成为生态系统霸主的过程，兽脚类取代伪鳄类成为顶级掠食者。双冠龙类等部分早期族群的体形略有增大，但站在食物链顶端的恐龙是角鼻龙类和坚尾龙类。角鼻龙类里出现了阿贝力龙，它们作为南半球顶级掠食者的地位一直持续到了白垩纪末期的大灭绝。坚尾龙类的头骨形状多样，有的群体具有精致的头饰和角，其他群体具有细长的吻部，这在奇特的棘龙中达到了极致。

这些族群的体形越来越大，而虚骨龙类等其他群体的体形越来越小，因此兽脚类占据了各种各样的生态位。白垩纪中的诸多主要族群都起源于侏罗纪，包括驰龙类、暴龙类和伤齿龙类。部分虚骨龙类成员擅长奔跑，手臂较长，并开始以独特的方式使用披羽前肢。它们会尝试通过拍打或滑翔来产生升力。现在的研究者发现，主动动力飞行在这些恐龙中有过多次独立演化，但只有一种恐龙特别擅长飞行，那就是始祖鸟（见第 70—71 页）。它们的亲属——鸟类今天依然统治着天空。

族群：兽脚类	亚群：角鼻龙类	生存时间：1.56亿～1.49亿年前

角鼻龙（*Ceratosaurus*）

角鼻龙（拉丁名意为"角蜥蜴"）得名于鼻子上的短角。另一个独有的特征是沿背部延伸的一排骨板，目前还没有发现其他兽脚类恐龙具有这个结构。它们的手臂短而强壮，每只手上都有四根手指，其中三根有爪。尾巴粗大，足部有三根巨大的脚趾和一根退化的后脚趾。牙齿很长，形似利刃。虽然外形和异特龙等肉食龙类相似，但角鼻龙更加原始。它们的尾巴很灵活，而大多数肉食恐龙的尾巴因为骨质韧带而僵直。

命名者 马什，1884 年
栖息地 森林平原

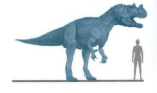

轻巧的头骨

身体在腰带处保持平衡

蜥臀类的腰带结构

三根向前的带爪长脚趾

体长：4.5～6米	体重：1吨	食物：植食性恐龙，其他爬行动物

族群：兽脚类	亚群：双脊龙类	生存时间：1.99亿～1.82亿年前

双冠龙（ *Dilophosaurus* ）

　　双冠龙（拉丁名意为"双脊蜥蜴"）得名于其令人称奇的骨质头饰。这种头饰非常脆薄，基本可以确定仅用于吸引配偶。双冠龙的身体结构比虚骨龙类和肉食龙类更原始，包括轻巧的大脑袋、细长的脖子、身体和尾巴。研究者曾经以为它们是腔骨龙的近亲，因为它们具有四指手部，且上颌有一个缺口。但现在发现它们更有可能介于腔骨龙和较大的角鼻龙之间。

命名者 威尔斯，1970 年

栖息地 河岸

骨质半圆形头饰

三根向前的带爪长脚趾

灵活的尾巴

修长有力的后肢

体长：6米	体重：500千克	食物：小型动物，可能包括鱼类或腐肉

扁平的鼻角

背部的骨板

灵活的长尾巴

利刃状的牙齿

四指手部

长而有力的后肢

退化的后趾

长足部

族群：兽脚类	亚群：坚尾龙类	生存时间：1.71亿～1.61亿年前

气龙（*Gasosaurus*）

这种兽脚类恐龙的名字不寻常（拉丁名意为"气体蜥蜴"），是为了纪念在化石发现地工作的中国天然气开采公司。目前只发现过一具建设气龙的标本，包括肱骨、骨盆和股骨。人们对气龙知之甚少，分类也仍不明确。它们可能是原始的肉食龙类，但腿骨的一些特征又表明它们可能是早期虚骨龙。如果确实如此，那它们就是目前最古老的虚骨龙之一。气龙具有典型的兽脚类恐龙体形，即头部大，腿长而有力，有三根朝前的带爪脚趾和又长又硬的尾巴，手臂很短，但体长比后来的肉食龙类要长。

大颌部和锋利的牙齿

命名者 董枝明、唐治路，1985 年
栖息地 林地

体长：3.1米	体重：150千克	食物：大型植食性恐龙

族群：肉食龙类	亚群：异特龙类	生存时间：1.66亿～1.63亿年前

皮亚尼兹基龙（*Piatnitzkysaurus*）

皮亚尼兹基龙（拉丁名意为"皮亚尼兹基蜥蜴"）可能属于兽脚类中的坚尾龙类。目前发现了两具不完整的骨架，确切分类仍有争议。它们的身体与异特龙非常相似（见第64页），但手臂更长。头部很大，由强壮的短脖子支撑。手臂相对较小。身体笨重，尾巴又长又硬。

命名者 波拿巴，1979 年
栖息地 林地

短而有力的手臂

体长：4.3米	体重：400千克	食物：植食性恐龙

庞大的身体

僵硬的尾巴

粗壮的后腿

较长的手臂

三根朝前的带爪脚趾

复原
计算机增强骨架复原的依据来自其他肉食龙类。

族群：肉食龙类	亚群：巨齿龙类	生存时间：1.66亿年前

巨齿龙（*Megalosaurus*）

第一种得到科学命名和鉴定的恐龙，巨齿龙（拉丁名意为"大蜥蜴"）是笨重的大型肉食性兽脚类。它们的头部巨大，由肌肉发达的短脖子支撑。手臂很短，但很强壮。在英国南部发现的化石行迹显示，巨齿龙在行走时脚趾略微内偏，尾巴可能会为了保持平衡而左右摆动。

命名者 巴克兰，1824 年
栖息地 森林

锋利的锯齿状牙齿

下颌

又长又硬的尾巴

肌肉发达的后腿

三趾足部

体长：9米	体重：1～2吨	食物：大型植食性恐龙

| 族群: 肉食龙类 | 亚群: 异特龙类 | 生存时间: 1.56亿~1.49亿年前 |

异特龙（*Allosaurus*）

在侏罗纪晚期的北美大地上，异特龙（拉丁名意为"不同的蜥蜴"）是最常见的恐龙，可能也是当时最大的掠食者。它们头大脖子短、身体笨重，是典型的肉食龙类。尾巴又长又粗，但末端细硬。三指前肢强壮有力，手指上长有巨大的爪子。异特龙的眼睛上方有明显的骨骼隆起，两个隆起之间有一条狭窄的骨脊，一直延伸到吻部尖端。这些可能都是展示性特征。虽然头部巨大，但几个大开孔（颞颥孔）减轻了头骨的重量。各颅骨之间可扩展的关节让颌部可以大张开来，吞下一大口食物。尽管异特龙身体庞大，行动缓慢，但一些古生物学家认为它们的敏捷性足以击倒当时的巨型植食性恐龙。

命名者 马什，1877 年

栖息地 平原

沿吻部生长的独特骨脊

前后边缘有锯齿的牙齿

化石发现

异特龙留下了很多完整的骨架。美国犹他州的克利夫兰·劳埃德恐龙采石场也产出了大量不完整的骨架。曾经可能有很多植食性恐龙在这里陷入了淤泥，于是引来了掠食者，而后者在攻击无助的猎物时也陷了进去。

为保持平衡而伸直的尾巴

奥塞内尔·查利斯·马什是19世纪最伟大的恐龙古生物学家之一。他命名了异特龙和其他500多种脊椎动物。

| 体长: 12米 | 体重: 2~3吨 | 食物: 植食性恐龙、腐肉 |

大颞颥孔减轻了
巨大头骨的重量

用于附着强
壮颌部肌肉
的大附着点

5~10厘米
的长牙

用于切割的
刀状牙齿

头骨化石

强大的上颌可以
做出一个类似落
斧的动作

族群: 肉食龙类	亚群: 异特龙类	生存时间: 1.61亿~1.59亿年前

中华盗龙（*Sinraptor*）

中华盗龙（拉丁名意为"中国盗贼"）和异特龙属于同一个族系。虽然中华盗龙比较原始，但和巨齿龙等更古老的亲属相比，它们已经拥有了更多作为顶级捕食者的特化结构。例如牙齿高度适应肉食性生活方式：口腔前部的牙齿经久耐用，适合咬碎骨头；其他牙齿可以在猎物的身体上撕扯出深深的伤口。中华盗龙或许会利用这些特化结构来捕猎它们生活在同一时期的巨型蜥脚类恐龙，例如马门溪龙（见第77页）。

命名者 科里、赵喜进，1993 年
栖息地 沼泽地

许多锋利的牙齿

有爪的手部

体长: 7.2米	体重: 1吨	食物: 肉类

族群: 坚尾龙类	亚群: 虚骨龙类	生存时间: 1.53亿~1.49亿年前

嗜鸟龙（*Ornitholestes*）

嗜鸟龙（拉丁名意为"鸟类强盗"）是苗条轻盈的恐龙，具有小小的头部、许多圆锥形牙齿和 S 形的脖子。它那逐渐变细的长尾巴有助于提高奔跑时的敏捷性。它们得名于可以抓握的手、轻盈的体格和长长的后肢，这些特征让它们成为捕食侏罗纪小型动物的能手。嗜鸟龙的手臂短而强壮，手部有三根长长的有爪手指，还额外有一根极小的手指。它们具有许多类似鸟类的特征，例如腕部结构使双手可以通过鸟类折叠翅膀的方式贴近身体。

灵活的长脖子

鸟一样的爪子

命名者 奥斯本，1903 年
栖息地 森林

每只手上有三根有爪长手指和一根短手指

体长: 2米	体重: 12千克	食物: 肉类，可能包括鸟类和腐肉

粗壮的尾巴

有力的长腿

极细长且逐渐变细的尾巴

尾巴水平伸出

身体在腰带处保持平衡

化石探险队考察

美国著名古生物学家亨利·F.奥斯本（1857—1935）在 20 世纪初多次带队考察蒙古和美国的化石。

族群：虚骨龙类	亚群：美颌龙类	生存时间：1.5亿年前

美颌龙（*Compsognathus*）

这种兽脚类恐龙的名字意为"漂亮的颌部"。它们大约和现生火鸡一样大小。美颌龙的骨骼结构表明它们是奔跑健将，例如骨骼中空，小腿要比大腿长得多，长尾巴可以水平伸出保持平衡。手臂很短，手部可能具有三根手指。足部和鸟类十分相似，具有三根朝向前方的带爪脚趾。除了没有翅膀，美颌龙的解剖结构都和始祖鸟（第70—71页）非常相似，并且都居住在相似的地区。它们的近亲中华龙鸟具有原始羽毛，表明美颌龙的身体可能也覆盖着绒毛，虽然尚未发现直接证据。

命名者 瓦格纳，1861 年

栖息地 温暖潮湿的地区和灌木丛

尖细的头部和吻部

眼睛比较大

成年遗骸

目前只发现了两具美颌龙的骨架化石，一具是成年龙，一具是幼龙。两者的胃部区域都有一副骨架。研究者起初以为这是幼龙的遗骸，但实际上是蜥蜴（巴伐利亚蜥）。

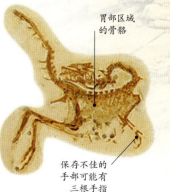

胃部区域的骨骼

保存不住的手部可能有三根手指

体长：1米	体重：3千克	食物：小型蜥蜴、哺乳动物

轻巧的身体
在腰带处保
持平衡

僵硬的尾巴水平
伸出保持平衡

短而纤细
的大腿

| 族群: 近鸟型恐龙 | 亚群: 鸟翼类 | 生存时间: 1.5亿年前 |

始祖鸟 (*Archaeopteryx*)

　　始祖鸟（拉丁名意为"古代的翅膀"）大约和现生鸽子一样大小，具有小脑袋和大眼睛，嘴里长着尖牙。细长的小腿骨说明它们擅长在陆地上行动。和现生鸟类不同，始祖鸟的胸骨扁平，具有骨质的长尾巴，每只翅膀上还有三根抓握爪。不过它们具有现生鸟类的羽毛、翅膀和叉骨。最近的分析显示始祖鸟可能具有飞行能力，但并不是飞行高手。目前几乎可以肯定始祖鸟是温血动物。

命名者 冯·梅耶，1861 年
栖息地 湖岸或开阔的森林

能够有效飞行的
羽毛翅膀

细长的手部有三
根带爪的手指

轻盈的身体

| 体长: 30 厘米 | 体重: 300~500克 | 食物: 昆虫 |

嵌入岩石的化石遗骸

保存在石灰岩
中的羽毛印痕

不对称的长翼羽，是
真飞鸟的典型特征

骨质尾部两
侧的羽毛

蜥脚形类

从三叠纪到侏罗纪，蜥脚形类都在不断向四足姿态和纯植食性习性的转变。这两个特征使它们能够在三叠纪和侏罗纪之交的大灭绝后变得更为庞大。某些早侏罗世成员体形庞大，例如重达12吨的巨雷龙，它们是当时有史以来最庞大的陆生动物。

真正的蜥脚类恐龙诞生于早侏罗世，它们以柱状腿部、小脑袋和长脖子为特征。蜥脚类恐龙在侏罗纪里进入鼎盛期，它们遍布全球，而且成为令人咋舌的巨兽。其中演化出了三大群体，每个群体都有独特的身体结构，因此可以在整个侏罗纪里共存。梁龙类的脖子和尾巴很长，而且大得令人难以置信。其中包括几种最著名的蜥脚类恐龙，例如迷惑龙和最近"平反"的雷龙。它们的近亲叉龙类仍然较小，脖子较短，但脖子上有两排高大的棘刺。第三个群体是大鼻龙类，它们前肢更长，因此姿势更加挺拔，如长颈巨龙（见第80—81页）。大鼻龙类得名于巨大的鼻孔。它们大小不一，圆顶龙类等部分成员较小，而腕龙类和后来的泰坦龙类的身躯都极为庞大。

族群：蜥脚形类	亚群：大椎龙类	生存时间：2.01亿～1.82亿年前

大椎龙（*Massospondylus*）

大椎龙（拉丁名意为"巨大的椎骨"）得名于第一批化石，即几块巨大的椎骨。目前已经发现了许多其他化石，它们似乎是非洲南部最常见的蜥脚形动物。大椎龙灵活的长脖子上有一个小脑袋。人们曾经以为它大部分时间都是四肢并用，但最近的分析表明它们是用后肢行动的。巨大的手掌上有五根手指，可以抓握食物。每根拇指上都有一个弯曲的大爪子。前牙呈圆形，后牙两侧扁平，适合处理坚韧的植物。部分骨架中带有胃石。

尾椎下的长棘刺

末端形似细鞭的长尾巴

命名者 欧文，1854 年
栖息地 灌木丛和沙漠平原

体长：4米	体重：150千克	食物：植物，可能包括小型动物

族群：蜥臀类	亚群：蜥脚形类	生存时间：2.01亿～1.90亿年前

近蜥龙（*Anchisaurus*）

　　近蜥龙是早期蜥脚形类恐龙。它们的小脑袋上有一个狭窄的吻部，脖子长而灵活，身体和尾巴都很纤细。虽然手臂比腿部短 1/3，但它们大部分时间都是四肢并用。拇指上有一个大爪子，可能是防御工具。

命名者　马什，1885 年

栖息地　林地

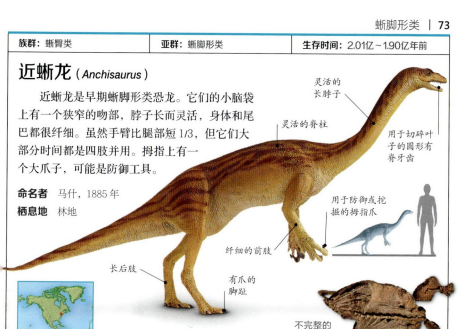

灵活的长脖子

灵活的脊柱

用于切碎叶子的圆形有脊牙齿

用于防御或挖掘的拇指爪

纤细的前肢

长后肢

有爪的脚趾

不完整的化石骨架

体长：2.1米	体重：50 千克	食物：树叶，可能包括小型动物

用于挖掘或防御的尖头

弯曲的大爪子

拇指爪化石

极长且灵活的脖子

大手

族群：蜥脚形类	亚群：大椎龙类	生存时间：2.01亿～1.90亿年前

禄丰龙（*Lufengosaurus*）

禄丰龙（拉丁名意为"禄丰蜥蜴"）是笨重、四肢粗壮的蜥脚形类恐龙。它们的小脑袋长着许多间距很大的叶状牙齿，这是蜥脚形类恐龙的典型特征。它们的下颌在上牙水平以下具有屈戍关节，使下颌肌肉能通过更强大的杠杆作用处理植物。宽阔的足部具有四根长脚趾，巨大的手部具有长长的带爪手指，拇指上有一个巨大的爪子。禄丰龙依靠后肢行动，有时会用后肢站起来，伸出长脖子采食苏铁或针叶树的树叶。

命名者 杨钟健，1940 年

栖息地 沙漠平原

大而高的头部

成对的耻骨向后突出

笨重的身体

巨大的手部

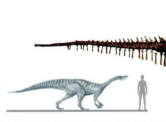

体长：6米	体重：1~3 吨	食物：苏铁和针叶树的树叶

族群：蜥脚形类	亚群：蜥脚类	生存时间：1.99亿～1.82亿年前

巨脚龙（*Barapasaurus*）

巨脚龙（拉丁名意为"大腿蜥蜴"）是最古老的蜥脚类恐龙之一。除了头骨和足部外，几乎所有部位的化石都有发现，这也让它们成了最著名的早侏罗世蜥脚类恐龙。但迄今为止都没有得到充分描述。未来的发现可能会改变目前的临时分类。巨脚龙具有纤细的四肢、勺状锯齿牙齿（孤立发现）和不寻常的椎骨空洞。古生物学家认为这种恐龙的头部粗短，类似于其他原始蜥脚类恐龙。

命名者 贾恩等人，1975 年

栖息地 平原

灵活的长尾巴

体长：18米	体重：20 吨	食物：植物

族群：蜥脚形类	亚群：蜥脚类	生存时间：1.59亿年前

蜀龙（*Shunosaurus*）

　　蜀龙（拉丁名意为"蜀国的蜥蜴"）留下了几乎完整的骨架，是第二种已知全貌的蜥脚类恐龙。头骨细长，具有小牙齿。尾巴末端具有椎骨扩大形成的小骨锤（图中未见），这是一个令人惊讶的特征。

命名者 董枝明等人，
　　　　　 1983 年

栖息地 平原

有大鼻孔的
扁头部

灵活的
长脖子

较短的前肢

体长：10米	体重：10.1吨	食物：植物

笨重的身体

长椎骨组
成的颈部

类似大象的
腿和脚

族群: 蜥脚类	亚群: 梁龙类	生存时间: 1.52亿～1.5亿年前

重龙 (Barosaurus)

重龙（拉丁名意为"重型蜥蜴"）具有蜥脚类的所有典型特征：长脖子和长尾巴、庞大的身体、小脑袋，以及和体形相比比较短的腿。它们的四肢与梁龙（见第78页）难以区分，但脖子要长得多。15块颈椎骨都大大加长，要比梁龙的椎骨长1/3。重龙可能会成群结队地游荡，依靠巨大的身体来抵御当时的大型掠食者。

命名者 马什，1890 年
栖息地 洪泛平原

颈部或许只能抬到略高于肩部的位置

搜寻恐龙
美国的卡内基采石场营地，当地在 1922 年发现了三具重龙骨架。

体长: 23~27米	体重: 19.6吨	食物: 植物

族群: 蜥脚形类	亚群: 蜥脚类	生存时间: 1.68亿～1.66亿年前

鲸龙 (Cetiosaurus)

这种恐龙的名字意为"鲸蜥蜴"，发现于 18 世纪初。人们起初以为它们巨大的骨骼属于巨鲸，于是创造了"鲸龙"一名。它们是庞大沉重的蜥脚类恐龙，脖子和尾巴短于其他同类。和同体形的蜥脚类恐龙相比，它们椎骨上用于减轻重量的空洞也更少，显得与众不同。头部钝圆，长有勺状牙齿。鲸龙可能会组成庞大的群体，行走速度估计为每小时 15 千米。

命名者 欧文，1841 年
栖息地 平原

坚固的椎体

椎骨化石

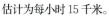
尾巴会向后伸出

1.5米长的肩胛骨（在这具重建骨架中过于竖直）

体长: 18米	体重: 9吨	食物: 植物

强有力的尾巴，
末端呈鞭状

长背椎

前肢短于
后肢

类似大象
的四肢

椎骨

| 族群：蜥脚形类 | 亚群：蜥脚类 | 生存时间：1.52亿~1.14亿年前 |

马门溪龙（*Mamenchisaurus*）

这种恐龙的名字意为"马门溪蜥蜴"，它们的长脖子在所有恐龙里独占鳌头。脖子占身体总长的一半以上，而且包含 19 块椎骨，这也是恐龙之最。颈椎的长度是背椎的两倍以上，并且覆盖着细长的骨柱，这可能限制了头部和最上方脊椎之间的关节活动度，因此它们的脖子仅略高于肩膀。这个结构让它们可以从肩部水平大幅度左右摆动脖子，以便采食低矮的植物。

化石遗迹

中国的化石点产出了马门溪龙化石。

命名者 杨钟健，1954 年
栖息地 三角洲和森林地区

背部从肩部
开始倾斜

脖子极长

| 体长：35米 | 体重：60吨 | 食物：树叶和嫩枝 |

族群：蜥脚类	亚群：梁龙类	生存时间：1.54亿～1.52亿年前

梁龙（*Diplodocus*）

梁龙是身体最长的恐龙之一。它们体格轻巧，四肢纤细，尾部逐渐变细，末端形似鞭子。梁龙的拉丁名意为"双梁"，得名于尾椎下的 V 形骨骼。梁龙分为 3 个种：长梁龙、卡氏梁龙和哈氏梁龙。

命名者 马什，1878 年

栖息地 平原

口腔前部的钉状牙齿

体长：32米	体重：20吨	食物：树叶

族群：蜥脚类	亚群：大鼻龙类	生存时间：1.56亿～1.49亿年前

圆顶龙（*Camarasaurus*）

圆顶龙（拉丁名意为"隔间蜥蜴"）是北美最常见的蜥脚类恐龙。它们有可能会成群结队地生活。这种恐龙有较大的箱形头部，脖子和尾巴较短。椎骨可能包含气室，以减轻脊柱的重量。前肢较长，前足有一只爪子，后足有三只爪子。

命名者 柯普，1877 年

栖息地 平原

体长：23米	体重：47吨	食物：坚韧的植物

族群：蜥脚类	亚群：梁龙类	生存时间：1.52亿～1.51亿年前

迷惑龙（*Apatosaurus*）

迷惑龙和近亲相比身体更短，但更粗壮。由 15 块椎骨组成的长脖子末端有一个小脑袋。背椎中空，长尾巴具有鞭状末端。粗壮的后肢比前肢更长，也许为了能够在进食时用后肢站立。不过部分古生物学家认为迷惑龙没有这个能力。

命名者 马什，1877 年
栖息地 树木繁茂的平原

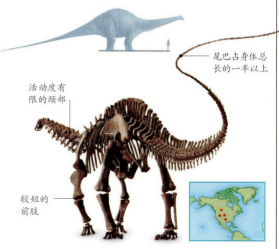

尾巴占身体总长的一半以上

活动度有限的颈部

较短的前肢

体长：21米	体重：37 吨	食物：树叶

庞大沉重的身体

头部较短

吻部高处的鼻腔

前足上唯一的爪子

头骨化石

| 族群: 蜥脚类 | 亚群: 大鼻龙类 | 生存时间: 1.57亿~1.45亿年前 |

长颈巨龙（*Giraffatitan*）

　　长颈巨龙的化石几乎包括每一处骨骼，只有颈部底部重要的椎骨神经弓没有找到。它们是最高大的蜥脚类恐龙之一，前肢和后肢比也是蜥脚类之最。加上长长的脖子和小脑袋，长颈巨龙类似长颈鹿的姿态让它的高度可以达到 16 米。尾巴比较粗短。与其他同类一样，长颈巨龙的口腔前部也有凿状牙齿，上颌和下颌各 26 颗。鼻孔在吻部的前端，软组织一直向后延伸到头骨上的鼻孔开口。腿部呈柱状，脚掌上都有五趾，而且后部具有肉垫。前足的第一趾都带有一个爪子，后足的前三趾亦然。和其他蜥脚类恐龙一样，它们可能过着群体生活。长颈巨龙习惯在树顶觅食。脖子的长度意味着它必须有巨大的心脏和极高的血压，否则无法将血液泵到头部。它们可能会在行走时产卵，随幼龙自生自灭。

命名者 詹尼斯，1914 年

栖息地 平原

巨大的骨骼

　　长颈巨龙的近亲腕龙具有 1.8 米长的粗壮股骨（大腿骨），以支撑它们沉重的身体。埃尔默·里格斯（Elmer S. Riggs）在 1900 年发现的第一批骨骼中有一块肱骨（上臂骨）。其长度超过 2.1 米，远大于其他恐龙的肱骨，所以里格斯以为这是被压碎的迷惑龙股骨（见第 79 页）。

球状股骨头

身体从肩部到腰带向下倾斜

短尾巴

比较纤细的柱状腿

| 体长: 26米 | 体重: 50吨 | 食物: 植物 |

口腔前部有
凿状牙齿

由 1 米长的
椎骨构成的
长脖子

椎骨的气囊减
轻了颈部重量

前肢长
于后肢

鸟臀类

植食性鸟臀类的起源依然成谜。侏罗纪之前并没有明确的记录，不过它们很可能是晚三叠世恐龙的分支。鸟臀类的嘴部前有无牙的骨质喙，颊部可以容纳食物供特化的牙齿研磨。早侏罗世的鸟臀类有两大分支：有盔甲的装甲龙类和灵活两足的角足龙类。小盾龙等早期装甲龙类都是两足恐龙，但这类恐龙很快就演变成了四足动物，并分为背部带有甲板的剑龙类和重甲甲龙类。在整个侏罗纪里，这两个群体都与蜥脚类共同扮演着大型植食性动物的角色，不过它们是依靠盔甲和可以当作武器的尾巴自卫，而蜥脚类恐龙是通过庞大的身体防御掠食者。

早期角足龙的亲缘关系尚不明确，但到中侏罗世的时候，这两个族群的典型代表都已出现，即头饰龙类和鸟脚类。头饰龙类得名于从头骨后方伸出的头饰，它们的后代中会出现具有颈盾的角龙类和具有圆头顶的肿头龙类。在侏罗纪的大部分时间里，鸟脚类都是行动迅速的小型两足奔跑者，但是部分成员开始变大，预示着鸭嘴龙类和禽龙类将在白垩纪里崛起。

族群：恐龙	亚群：鸟臀类	生存时间：2.01亿～1.9亿年前

莱索托龙（*Lesothosaurus*）

莱索托龙（拉丁名意为"莱索托蜥蜴"）是早期的两足植食性恐龙。它们身体小而轻巧，四肢细长、尾巴灵活，是天生的"飞毛腿"。前牙尖利，锯齿颊齿呈箭头状，颌部只能上下移动，不能左右移动。莱索托龙的咀嚼能力有限，大部分食物都是靠喙部处理。它们可能是杂食性动物。

命名者 高尔顿，1978 年

栖息地 沙漠平原

肌肉附着点

股骨头

大腿骨

大眼睛

短臂

长长的足部有利于快速奔跑

长而有力的后肢

体长：1米	体重：4～7千克	食物：树叶，也许包括腐肉和昆虫

族群：鸟臀类	亚群：装甲龙类	生存时间：1.99亿～1.90亿年前

小盾龙（*Scutellosaurus*）

　　这种恐龙（拉丁名意为"小盾牌蜥蜴"）具有长长的身体和纤细的四肢，手臂也比较细长。背部、身体两侧和尾巴根部覆盖有300多个短骨突，形成了防御性盔甲。最近的分析表明，小盾龙大部分时间都是依靠后肢行动，尾巴硬挺地向后伸出，以平衡骨质盔甲的重量。

命名者 科尔伯特，1981 年
栖息地 林地

沿背部中间分布的一排大骨突

有锯齿的叶状牙齿

用于平衡两足姿态的长尾巴

细长的后肢没有骨突保护

体长：1.2米	体重：10千克	食物：树叶

族群：装甲龙类	亚群：甲龙类	生存时间：1.56亿～1.49亿年前

怪嘴龙（*Gargoyleosaurus*）

　　怪嘴龙（拉丁名意为"石像鬼蜥蜴"）是原始的早期甲龙，身体和尾巴的上表面具有盔甲，由不规则的椭圆形骨板构成。后肢略长于前肢。怪嘴龙具有许多甲龙类中不常见的特征，包括直的鼻道和空心甲板。头骨具有晚白垩世甲龙类的特征，包括骨质铠甲与头骨和颌骨表面融合。

命名者 卡彭特等人，1998 年
栖息地 林地

肩部的长尖刺

细长的头骨有骨板覆盖

背部的短刺

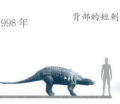

体长：3米	体重：1吨	食物：低矮的植物

族群：鸟臀类	亚群：装甲龙类	生存时间：1.99亿～1.82亿年前

肢龙（*Scelidosaurus*）

这种小而沉重的装甲恐龙名字意为"四肢蜥蜴"，有可能是最古老、最原始的装甲类恐龙。最近的研究表明它们是原始的甲龙类。它们具有令人惊叹的防御装甲：背部覆盖骨板，还嵌有两排骨刺。身体两侧还有好几排骨突，脖子后面长有一对三尖骨板。头部小而尖，具有角质喙，还有叶状小牙齿。肢龙的前肢要比后肢短得多，但它似乎是四足行走的。

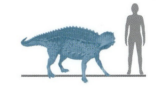

尾巴底面覆盖骨突

三长一短的带爪手指

命名者	欧文，1861 年
栖息地	林地

足部比后来的装甲类恐龙更长

足部化石

体长：3.5米	体重：250千克	食物：植物

族群：装甲龙类	亚群：剑龙类	生存时间：1.56亿～1.5亿年前

肯氏龙（*Kentrosaurus*）

这是和剑龙生活在同一个时代的东非装甲龙类，它们没有著名的剑龙那么庞大，但也有装甲保护。肯氏龙（拉丁名意为"尖刺蜥蜴"）具有沿脖子、肩膀和背部前半部分分布的成对矩形甲板。腰带部位开始长出成对的尖刺，一直延伸到尾尖。腰带两侧还有一对长长的棘刺。头骨只留下了化石碎片，但可能细长，带有无牙的角质喙。

从背部中部延伸到尾尖的成对尖刺

命名者	亨宁，1915 年
栖息地	森林

体长：5米	体重：1.5吨	食物：低矮植物

几排从背部往下延伸的平行骨突

三尖骨板

腰带高于肩膀

用于啄食植物的角质喙

强壮的后肢

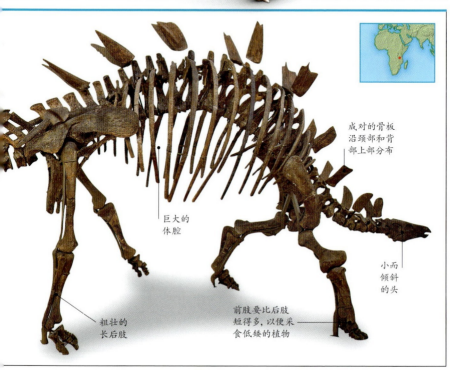

成对的骨板沿颈部和背部上部分布

巨大的体腔

小而倾斜的头

粗壮的长后肢

前肢要比后肢短得多，以便采食低矮的植物

| 族群：装甲龙类 | 亚群：剑龙类 | 生存时间：1.56亿～1.49亿年前 |

剑龙（*Stegosaurus*）

剑龙（拉丁名意为"屋顶蜥蜴"）是最大的装甲恐龙。它们具有小脑袋、没有牙齿的喙，以及两排从后颈一直延伸到尾巴中段的骨板。部分骨板的高度超过 60 厘米。尾巴上还有长长的尖刺，每根可达 1 米。尖刺的数量有种间差异。剑龙的脖子上也有许多小骨突。后肢是前腿的两倍长，因此身体的最高点位于腰带。剑龙具有没有牙齿的喙和没有咀嚼功能的小颊齿，所以尚不明确剑龙到底是如何依靠取食坚韧的植物为生的。

命名者 马什，1877 年
栖息地 林地

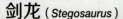

骨板上覆盖着皮肤或坚韧的角质

庞大的身躯

| 体长：6米 | 体重：2吨 | 食物：植物 |

尾椎上的长尖刺

骨骼复原

尾巴上的骨板逐渐变小

长尖刺的数量有种间差异

骨板和尖刺

一些早期的复原形象显示，剑龙的骨板是成对排列的。但科学家逐渐发现它们其实是交错排列的。

尖头

非常锋利的尾部骨质尖刺

骨板化石

尾部尖刺化石

族群：鸟臀类	亚群：畸齿龙类	生存时间：2.01亿～1.9亿年前

畸齿龙（*Heterodontosaurus*）

龙如其名，畸齿龙（拉丁名意为"异齿蜥蜴"）的牙齿是这种小型两足恐龙最显著的特征。畸齿龙有3种牙齿：上颌前部的切齿、两对獠牙一样的大牙齿，以及用来切碎植物的凿状大牙齿。獠牙可能用于防御、吸引配偶或觅食。

切齿

头骨化石

切碎植物用的颊齿

命名者 康普顿和查理格，1962 年
栖息地 灌木丛

加强背部和尾部的骨棒

角质喙

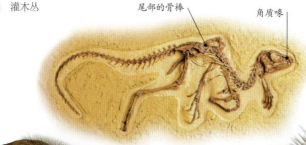

黏土中的骨骼化石

在奔跑时平衡身体的长尾巴

双手可以抓握，也可以在四足行走时支撑体重

三根向前的带爪脚趾

体长：1.2米	体重：19千克	食物：树叶、块茎，可能还有昆虫

| 族群：鸟脚类 | 亚群：禽龙类 | 生存时间：1.56亿～1.49亿年前 |

橡树龙（*Dryosaurus*）

橡树龙（拉丁名意为"橡树蜥蜴"）是轻盈的两足植食性动物。后肢强壮细长，要比手臂长得多。它们是奔跑高手。骨质肌腱使尾部僵直，有利于保持平衡。下颌前部的角质喙和下颌坚硬的无牙垫相连，非常适合啄食坚韧的植物。

命名者 马什，1894 年
栖息地 林地

大腿骨

短手臂

五指手部

较短但肌肉发达的大腿

长长的三趾足部

| 体长：3～4米 | 体重：80千克 | 食物：树叶和嫩芽 |

| 族群：鸟脚类 | 亚群：禽龙类 | 生存时间：1.56亿～1.49亿年前 |

弯龙（*Camptosaurus*）

弯龙（拉丁名意为"弯曲的蜥蜴"）是庞大的植食性恐龙，以在靠近地面的植物和灌木为食。它们的头部细长，宽阔吻部的尖端有一个尖锐的角质喙。耻骨向后移动，为肠道留出了更多空间。手臂比腿短，手腕很大，手指有蹄状爪子。弯龙是两足动物，但是觅食时经常四肢并用。

S形的颈部曲线表明头部位置不高

有四趾的后足

骨质韧带强化的尾部

命名者 马什，1885 年
栖息地 开阔林地

| 体长：5～7米 | 体重：750千克 | 食物：低矮的草本植物和灌木 |

其他双孔类

恐龙统治着侏罗纪的陆地，它们的双孔类亲戚则占领了海洋和天空。

伪鳄类已经失去了陆地生态系统顶级掠食者的桂冠，其中只有两个族群战胜了三叠纪—侏罗纪之交的大灭绝。其中一个是喙头鳄类，它们是敏捷的陆生动物，一直延续到了侏罗纪末期。另一个是延续至今的鳄形类。鳄形类的种类在侏罗纪和白垩纪里远超如今，它们辐射到了各种各样的生态位，包括海洋掠食者，甚至有陆生植食者。

海鳄类与鱼龙类和蛇颈龙类一起畅游于海洋。鱼龙类在侏罗纪之初非常繁盛，它们高度适应海洋生活，演化出了流线型的身体、大眼睛，甚至有一层层类似于现生鲸和海豚的保暖鲸脂。部分肉食性的蛇颈龙类在中侏罗世里变得十分巨大，把鱼龙类挤下了海洋顶级掠食者的宝座。

飞行的翼龙类在侏罗纪里变得异常多样并扩散到了世界各地。大多数侏罗纪翼龙仍然很小，还有一口用于捕捉昆虫或鱼类的锥形牙齿。侏罗纪即将结束的时候出现了翼手龙类。它们没有早期翼龙的长尾巴，但体形要大得多，而且许多成员都在白垩纪里失去了牙齿。

族群: 鱼龙类	亚群: 鱼龙类	生存时间: 2.01亿~1.74亿年前

泰曼鱼龙 (*Temnodontosaurus*)

这种巨大的鱼龙和现生海豚略为相似。它们的身体修长光滑，呈流线型，还有又长又窄的吻部，许多大牙齿嵌在一个齿沟里。尾巴很大，身体上还有四条细长的鳍状肢。后鳍状肢几乎和前鳍状肢等长，显得十分不同寻常。和所有进步的鱼龙一样，泰曼鱼龙还有巨大的三角形背鳍。有的成年鱼龙体内保存着幼龙化石，表明它们是卵胎生动物，可以直接产下幼龙，不需要去岸上产卵。

命名者 莱德克，1889 年
栖息地 浅海

在吻部位置很靠后的鼻孔

可以在水下清晰视物的大眼睛

窄鼻子

机翼形前鳍状肢

体长: 9米	体重: 15吨	食物: 大乌贼和菊石

族群：鱼龙类	亚群：鱼龙类	生存时间：2.05亿~1.82亿年前

鱼龙（*Ichthyosaurus*）

目前已经发现了数百具完整的鱼龙骨架，使它们成为最有名的史前动物之一。它们具有高高的背鳍和宽阔的前鳍状肢。尾部末端向下倾斜，以支撑垂直的尾鳍。鱼龙有巨大的耳骨，可能是为了捕捉猎物在水下产生的振动。

命名者 德拉·贝切和孔尼白，
　　　　1821 年

栖息地 海洋

光滑的
皮肤

半月形尾鳍

小而尖的
牙齿

非常短的
后鳍状肢

体长：3.3米	体重：90千克	食物：鱼类

锥形身体

用于推进的
大尾鳍

族群：鱼龙类	亚群：鱼龙类	生存时间：1.74亿～1.63亿年前

大眼鱼龙（Ophthalmosaurus）

大眼鱼龙（拉丁名意为"眼睛蜥蜴"）的眼睛和身体之比是动物之最，可谓名副其实。和其他鱼龙类成员一样，它们的眼睛周围有巩膜环，即一圈防止软组织在高压下塌陷的骨板。一些古生物学家认为大眼鱼龙之所以需要巨大的眼睛，是因为它选择在夜间狩猎，但也有古生物学家认为是因为它们会游进深海。大眼鱼龙的身体呈泪珠状，尾鳍呈新月形。鳍状肢又短又宽。

命名者 西利，1874 年

栖息地 海洋

巨大的眼窝

鼻孔在吻部上的位置很高，靠近眼睛

细长的吻部

体长：6米	体重：3吨	食物：鱼类、乌贼和其他软体动物

族群：蛇颈龙类	亚群：蛇颈龙类	生存时间：1.99亿～1.9亿年前

蛇颈龙（Plesiosaurus）

蛇颈龙十分灵活但速度不快。它们具有蛇颈龙类典型的粗短身体，越接近尾巴越细。脖子要比身体长得多，而且非常灵活。虽然头部较小，但颌部很长，布满了锋利的圆锥形牙齿。蛇颈龙有四个宽大的鳍状肢，可能会做出 8 字形的划水动作。

命名者 德拉·贝切和孔尼白，1821 年

栖息地 海洋

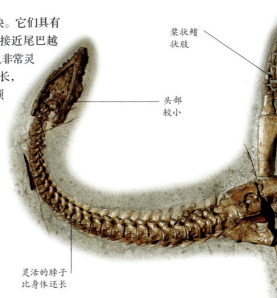

桨状鳍状肢

头部较小

灵活的脖子比身体还长

体长：2.3米	体重：90千克	食物：鱼类、乌贼状软体动物

由椎骨支
撑的背鳍

巨大的身体，
前部更圆润

扁平宽大
的鳍状肢

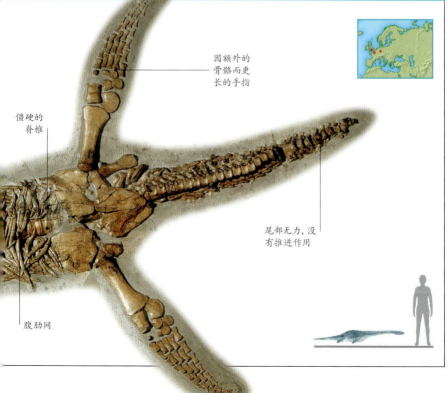

因额外的
骨骼而更
长的手指

僵硬的
脊椎

尾部无力，没
有推进作用

腹肋网

族群：蛇颈龙类	亚群：蛇颈龙类	生存时间：1.74亿～1.64亿年前

浅隐龙（*Cryptoclidus*）

浅隐龙是脖子长度中等的滑齿龙类成员，颈椎一共有30块。小头骨有一个长长的吻部，鼻孔位置非常靠后。颌部有许多尖锐的牙齿，会在口腔闭合时交锁，形成围困虾或小鱼的精密陷阱。浅隐龙的尾巴较短，有四个水翼状鳍状肢。它们可能是以8字形的划水动作推进身体的。肩部和臀部有大骨板，支撑着推动浅隐龙前进的强壮肌肉。浅隐龙可能是卵胎生动物。

命名者 西利，1892年

栖息地 浅海

不太灵活的长脖子

体长：4米	体重：8吨	食物：鱼类、小型海洋动物

族群：蛇颈龙类	亚群：上龙类	生存时间：1.66亿～1.52亿年前

滑齿龙（*Liopleurodon*）

滑齿龙是巨大的肉食性海生动物。它们形似鲸，具有大而沉重的头部，粗短的脖子，流线型的身体。在游泳的时候，它们可能会使用前后鳍状肢做出不同的动作：前肢上下拍动，而后肢呈八字形运动。

牙齿在口腔前部排列成花环状。它们可能会张着嘴游泳，让水进入鼻孔，以便闻到猎物的味道。

命名者 绍瓦热，1873年

栖息地 海洋

流线型的身体

大眼睛

在颌部前方排列成花环状的牙齿

脊椎底部

椎骨化石

翼形前鳍状肢

体长：5~7米	体重：未知	食物：大型乌贼、鱼龙类

巨大的
腰带骨

比较细短的尾
巴，没有尾鳍

锁骨在身体下方
形成板块

长长的后
鳍状肢

灵活的前
鳍状肢

无鳍的短尾巴，
没有推进作用

族群：伪鳄类	亚群：鳄形类	生存时间：1.63亿～1.45亿年前

环蜥鳄（*Cricosaurus*）

这种"环形蜥蜴"是高度特化的水生鳄类。它们具有流线型的身体，但没有常见于鳄鱼的厚重背甲。更光滑的皮肤使它们能够更加灵活地游泳，而且身体和尾巴都可以左右摆动产生推力。它们有两对鳍状肢，和鱼一样的大尾鳍，后者由急转向下的脊柱支撑。一具环蜥鳄化石由一层碳薄膜勾勒出了轮廓，显示出了它生前的四肢形状。后鳍状肢长于水翼形前鳍状肢。细长的吻部长满了锋利的尖牙。

命名者 瓦格纳，1858 年

栖息地 海域

垂直的尾鳍

细长的尾巴

水翼形前鳍状肢

体长：3米	体重：120千克	食物：鱼类

族群：伪鳄类	亚群：鳄形类	生存时间：1.66亿～1.52亿年前

中喙鳄（*Metriorhynchus*）

中喙鳄是水生鳄类，可能是通过卵胎生繁殖。虽然没有亲戚环蜥鳄那么圆润，但它们也具有流线型的身体，细长的头部、长长的身体和细尾巴。它们皮肤光滑，可以减少在水中的阻力，还有和鱼一样竖直的尾鳍。尾鳍左右摆动起来就可以在水中推动身体。四肢呈桨状，后肢大于前肢。吻部长而尖，颌部有长长的肌肉，因此中喙鳄可以张大嘴巴。它们的牙齿为圆锥形。

命名者 冯·梅耶，1832 年

栖息地 热带海域

长吻部，鼻孔位置非常靠后

锋利的锥形齿

前肢短于后肢

体长：3米	体重：120千克	食物：鱼类

明显弯曲的脊柱支撑着尾鳍

化石骨架

后鳍状肢

短脖子

位于吻部尖端的鼻孔

细长的吻部

锋利的尖牙

光滑的皮肤

可以左右摆动的尾鳍

鳍状后肢

大幅度向下弯曲的尾巴

发达的关节面，可以承受弯曲时的压力

细吻部

椎骨化石

头骨化石

较大的眼窝

颌肌的大附着点

| 族群：主龙类 | 亚群：翼龙类 | 生存时间：2.01亿~1.82亿年前 |

双型齿翼龙 (*Dimorphodon*)

　　双型齿翼龙最显著的特征是形似海鹦的巨大头部。它们的脖子很短，尾巴很长但只有根部附近可以活动，以便改变行动方向。它们可能既不擅长步行，也不太擅长飞行，可能大部分时间悬挂在悬崖或树枝上。研究者认为它们是四足攀爬动物，短短的翅膀只有在迫不得已的时候才会暂时用于飞行。双型齿翼龙有两类牙齿，即长长的前牙和小颊齿。

命名者 欧文，1859 年
栖息地 海岸

长门牙

| 体长：1.4米 | 体重：未知 | 食物：鱼类 |

| 族群：主龙类 | 亚群：翼龙类 | 生存时间：1.50亿~1.48亿年前 |

喙嘴翼龙 (*Rhamphorhynchus*)

　　这种翼龙留下了保存完好的化石，而且是和始祖鸟一起出土的，因此闻名天下。翅膀和尾巴的结构纤毫毕现，几具化石甚至还保存了喉囊。喙嘴翼龙有可以充当鱼叉的细长颌部，锋利的牙齿朝向外面。长尾巴末端有一个菱形皮瓣。后肢很小。翼膜一直延伸到脚踝。

命名者 冯·梅耶，1847 年
栖息地 海岸

大眼睛

颌骨末端朝外的牙齿

| 体长：1米 | 体重：20千克 | 食物：鱼类 |

骨质长
尾巴

尾巴末端的菱
形皮瓣发挥着
舵的作用

极长的第四指指
骨支撑着翼膜

尾巴上的
皮肤印痕

翼膜的
纤维

化石骨架

族群：主龙类	亚群：翼龙类	生存时间：1.50亿~1.48亿年前

蛙嘴龙（*Anurognathus*）

这种小型翼龙的尾巴很短，在喙嘴翼龙类中显得与众不同。它们的拉丁名意为"没有尾巴和颌部"。除了尾巴很短之外，小小的身体也赋予了它们极高的飞行机动性。蛙嘴龙的头骨非常短且宽，类似于现生夜鹰。钉状牙齿用于捕捉昆虫。翅膀由一片薄薄的皮瓣构成，从延长的第四指延伸到脚踝，最大翼展大约为50厘米。由翼骨支撑的副翼从手腕延伸到脖子。

命名者 杜德莱茵，1923 年

栖息地 林地平原

精致的
薄翼膜

体长：9厘米	体重：40克	食物：昆虫

族群：翼龙类	亚群：翼龙类	生存时间：1.50亿~1.48亿年前

翼手龙（*Pterodactylus*）

在最初发现的众多翼手龙（拉丁名意为"翼指"）中，大多数都已归入一个种，其他则归入了其他属中。翼手龙类里目前只有一个种。它们具有鹅鹕一样可以弯曲的长脖子，长长的头骨上有许多小而尖的牙齿。骨架分析表明它们是强壮而活跃的飞行者。

命名者 居维叶，1809 年

栖息地 海岸

小而轻盈
的身体

飞行时颈
部伸出

长而轻
的臂骨

修长的第四指
支撑着翼膜

体长：1米	体重：1~5千克	食物：鱼类

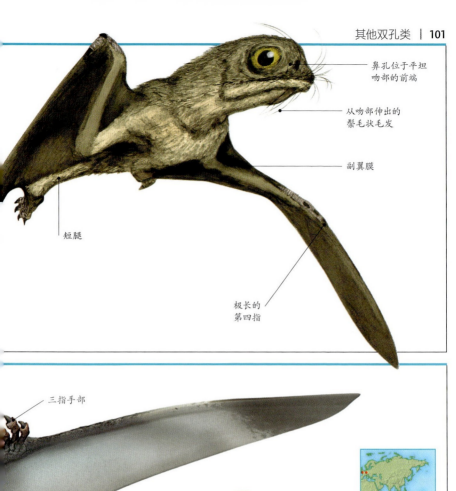

鼻孔位于平坦吻部的前端

从吻部伸出的鬃毛状毛发

副翼膜

短腿

极长的第四指

三指手部

极长的颌部

四趾的脚

极长的第四指骨

通常呈S形的长脖子

细长的腿骨

化石骨架

下孔类

只有犬齿兽类幸存到了侏罗纪，但也只留下了少数几个族群。我们在很长一段时间里都对这些被称为哺乳形类的"原哺乳动物"知之甚少，因为它们的化石大多是牙齿和少量颌骨。所以研究者以为在整个侏罗纪和白垩纪的大部分时间里，哺乳动物及其近亲都在恐龙的阴影里挣扎求生。但在过去的 25 年里，中国发现了大量令人震撼的侏罗纪化石，彻底颠覆了这种观点。中国的化石床保存着最古老的真哺乳动物，它们表明柱齿兽类、贼兽类和多瘤齿兽类这三个族群都极其多样化。其中不仅包括夜行性食虫动物，也包括游泳者、攀登者、挖掘者，甚至滑翔者。

这些化石还记录了哺乳动物特征逐渐演化的历程，包括特化的牙齿，其具有复杂的齿尖、齿沟和牙冠。

为了留住可以实现精确咀嚼运动的新牙齿，带有牙齿的颌骨（齿骨）附着在了头骨上，其后面较小的颌骨逐渐退化。这些小骨头最终整合到了听力结构中，这是哺乳动物感官演化中的一大特征。这些适应性改变有利于早期哺乳动物获得驱动其快速新陈代谢所需的能量。

族群：哺乳类	亚群：三尖齿兽类	生存时间：1.56亿～1.49亿年前

柱齿兽（*Docodon*）

柱齿兽（拉丁名意为"梁牙"）是小鼠般大小的哺乳动物近亲。这个属的化石目前只有颌骨和牙齿。牙齿有非常复杂的齿尖结构，能够有效地咀嚼食物。它们似乎是类似啮齿类的动物，而且很有可能是温血动物。

命名者 马什，1881年
栖息地 森林

身体可能长有毛发

五趾足部

体长：10厘米	体重：20～50克	食物：可能为杂食

族群: 犬齿兽类	亚群: 哺乳形类	生存时间: 1.99亿～1.9亿年前

中华尖齿兽（*Sinoconodon*）

中华尖齿兽（拉丁名意为"中国尖牙"）是原始的小型哺乳动物，类似于现生鼩鼱。头骨虽然保留了一些早期犬齿兽的特征，但也表明它们和真哺乳动物的亲缘关系非常密切。特别是容纳内耳的结构与真正的哺乳动物十分相似。尽管颊齿和现代哺乳动物一样为恒齿，但其他牙齿仍会和早期犬齿兽一样多次更换。颅腔后方扩大，眼窝也很大。中华尖齿兽可能是温血动物，而且可能身覆毛皮。它们四肢并用，每只脚上都有五根长长的带爪脚趾。尾巴很长。吻部又长又细。

命名者 帕特森和奥尔森，1961 年

栖息地 林地

覆盖毛皮的身体

灵活的长尾巴

比较大的颅腔

大眼睛

长有哺乳动物牙齿的细长吻部

五根带爪脚趾

体长: 10～15厘米	体重: 30～80克	食物: 可能主要是昆虫

族群: 哺乳形类	亚群: 哺乳类	生存时间: 1.52亿～1.39亿年前

三尖齿兽（*Triconodon*）

三尖齿兽是形似浣熊或负鼠的小型早期哺乳动物，最初归入始带兽的族群（见第 57 页），但最近的分析表明它们是真正的哺乳动物。牙齿特化程度很低，具有多种用途，表明它们是杂食动物，食物包括昆虫和小型爬行动物。它们演化出了哺乳动物的中耳，大脑似乎也有所增大。

命名者 欧文，1859 年

栖息地 林地

有三个齿尖的白齿

颌部前方的大牙齿

颌部化石

体长: 50厘米	体重: 750克	食物: 杂食

白垩纪

1.45亿~6600万年前

白垩纪的气候温暖潮湿，类似于侏罗纪。海平面极高，因此出现了大范围的洪水，多块陆地随之相互隔离。被子植物（开花植物）的多样性在演化中迈出了一大步，地貌和生物也随之发生了重大改变。许多新的昆虫族群出现，恐龙继续繁荣昌盛。蜥脚类和剑龙类等族群日渐衰落，因为新的恐龙族群抢夺了它们的主要食物来源，例如进步的鸟脚类和角龙类。后者一直繁荣到白垩纪末期的大灭绝。

开花植物

晚白垩世的森林由开花树木组成，例如桦树和玉兰。拟桦（上图）是已经灭绝的桦树。

| 46亿年前 | 40亿年前 | 30亿年前 |

白垩纪的陆块

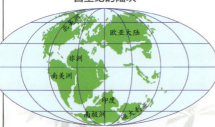

白垩纪的大陆漂移使劳亚大陆和冈瓦纳大陆这两块超大陆分崩离析。极高的海平面（200米）也在这个过程中推波助澜。大西洋开始在未来的南美洲和非洲之间展开，南极洲几乎已经来到了如今的位置。印度开始向北移动。欧亚大陆和北美洲之间仍然有陆桥相连。

白垩纪的生命

恐龙仍然是陆地动物的主宰。在整个白垩纪里，它们的种类还在不断增加，出现了鸭嘴龙类、角龙类和巨型暴龙类等新成员。鸟类继续演化，蛇类诞生。哺乳动物仍然很小，但种类在不断增多。

哺乳动物演化

哺乳动物依然只是动物群中的次要群体。例如早期的有袋动物鼩齿兽（右图），它们是鼩鼱或猫一样大小的动物。

带蹼的脚趾

带有大开孔的颈盾

角龙类

白垩纪里出现了有颈盾的角龙类，例如开角龙（左图）。它们具有额角和鼻角，有一个巨大的骨质颈盾。

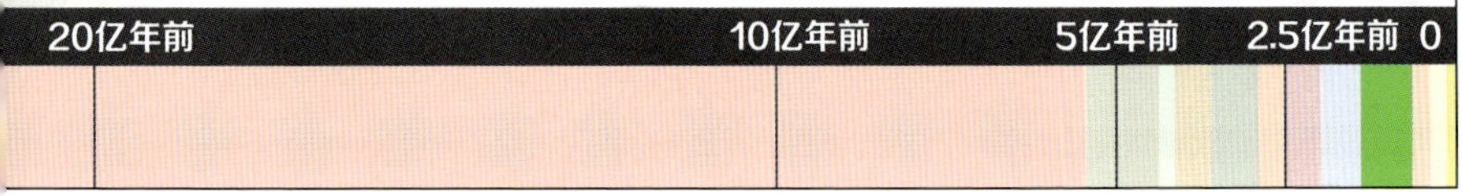

宽大的足部

兽脚类

兽脚类恐龙的多样性在白垩纪达到顶峰。角鼻龙类和肉食龙类在早白垩世里依然是顶级掠食者，而且部分成员在晚白垩世早期变得非常庞大，例如南方巨兽龙和棘龙。在中白垩世里，生态系统随着开花植物的扩张发生了剧变。一些虚骨龙类兽脚类恐龙变得更大，开始取代以前占据优势的坚尾龙类。劳亚大陆上的角鼻龙类和肉食龙类宣告灭绝，可能是因为某些蜥脚类恐龙的衰落。但在冈瓦纳大陆上，这些恐龙与虚骨龙类共存到了白垩纪末期。暴龙成为晚白垩世劳亚大陆上的顶级掠食者，遍布亚洲和北美洲。部分虚骨龙族群高度特化，例如具有镰刀爪的驰龙类和伤齿龙类。而其他成员失去牙齿，长出了角质喙部，成为植食者，例如镰刀龙类、窃蛋龙类和似鸟龙类。

有齿的反鸟类在早白垩世里十分常见，但在晚白垩世里，无齿的扇尾类成了鸟类主流。现生鸟类出现于大灭绝之前还是之后曾有争议，但新化石证据明确表明它们起源于白垩纪末期。

族群：角鼻龙类	亚群：阿贝力龙类	生存时间：8300万～7800万年前

阿贝力龙（*Abelisaurus*）

这种大型兽脚类恐龙得名于发现者罗伯托·阿贝尔（Roberto Abel），它们仅留下了一个头骨。它们似乎是与食肉牛龙有亲缘关系的原始恐龙。头部很大，吻部圆润，牙齿和同体形的肉食性恐龙相比显得很小。头骨十分奇特，因为颌部上方侧面有一个巨大的开口，而且比其他恐龙的开孔要大得多。身体其他部分的复原只能依靠假设。这里的插图参考了食肉牛龙和类似的兽脚类恐龙。

命名者 波拿巴，1984 年
栖息地 冲积平原

牙齿较小

手部可能有三根手指

大型兽脚类的典型体形

双足姿态

可能有三爪的脚趾

体长：9米	体重：1.4 吨	食物：肉类

族群：角鼻龙	亚群：阿贝力龙类	时间：8200万～6600万年前

食肉牛龙（*Carnotaurus*）

食肉牛龙（拉丁名意为"食肉公牛"）最显著的特征是眼睛上宽大的三角形尖角。它们和其他大型兽脚亚类差别颇大，头骨粗短，胳膊短且手部退化，而腿部很长。轻巧的身体覆盖着鳞片和骨突。三根手指又短又粗，拇指上有一个小尖刺。尾巴粗长但很灵活。

命名者 波拿巴，1985 年
栖息地 干燥平原，也许是沙漠

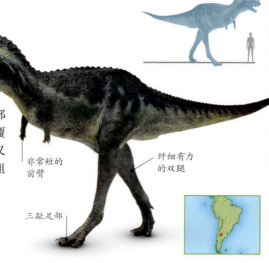

非常短的前臂

纤细有力的双腿

三趾足部

体长：7.5米	体重：1吨	食物：肉类

族群：肉食龙类	亚群：鲨齿龙类	生存时间：1亿～9600万年前

南方巨兽龙（*Giganotosaurus*）

南方巨兽龙（拉丁名意为"巨型南方蜥蜴"）是目前已知的最大的肉食性恐龙之一。它的头骨比普通人还要长，长着长长的锯齿状牙齿。手部有三根手指，尾巴尖细。虽然比暴龙更大，但它们的身体更轻巧，而且捕猎时会撕裂猎物，不会像暴龙一样迎面冲上去啃咬。尽管南方巨兽龙的体形巨大，但一些古生物学家认为，它们与其他大型兽脚类一样，奔跑速度较快。

命名者 科里亚和萨尔加多，1995 年
栖息地 温暖的沼泽

大眼睛

20厘米长的锯齿状牙齿

三爪手指

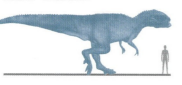

体长：12.5米	体重：8吨	食物：肉类

族群：肉食龙类	亚群：棘龙类	生存时间：9800万～9400万年前

棘龙（*Spinosaurus*）

棘龙（拉丁名意为"脊椎蜥蜴"）是巨大的兽脚类恐龙，具有形似鳄鱼的吻部，背帆贯穿整个背部。它们是有史以来最庞大的陆生肉食性动物之一，体形可与南方巨兽龙和暴龙相媲美，但棘龙的体长仍不确定。

新发现表明它们后肢很短，尾巴很粗且呈桨状，这可能是与半水生生活相匹配。但一些古生物学家认为，棘龙的部分化石是来自棘龙类中的棘龙近亲，而且它们的背帆会让身体在游泳时不稳定。

命名者 斯特莫，1915 年
栖息地 热带沼泽

牙槽

齿列化石

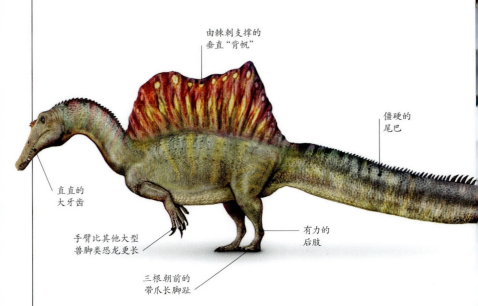

由棘刺支撑的
垂直"背帆"

僵硬的
尾巴

直直的
大牙齿

手臂比其他大型
兽脚类恐龙更长

有力的
后肢

三根朝前的
带爪长脚趾

体长：15～18米	体重：7.1吨	食物：肉类，也可能有鱼类

族群：肉食龙类	亚群：棘龙类	生存时间：1.29亿～1.25亿年前

似鳄龙（*Suchomimus*）

似鳄龙的名字意为"鳄鱼模仿者"，有几个特征表明它们以鱼为食。它们的吻部极长，还有可以钩鱼的拇指大弯爪。颌部长有 100 多颗稍微向后的牙齿，吻部末端还有一圈花环状的较长牙齿。背部有一道低低的骨嵴。手臂较长，有利于伸到水里捕鱼。

命名者　塞雷诺等人，1998 年
栖息地　茂密的森林

背部的骨嵴

勺状吻部尖端

大鼻孔

颌部前部排列成花环状的长牙

颌部后部向后倾斜的牙齿

纤细的长下颌

三趾足部

弯曲的拇指爪

体长：11米	体重：5.1吨	食物：鱼类，可能还包括肉类

族群：肉食龙类	亚群：棘龙类	生存时间：1.29亿～1.25亿年前

重爪龙 (*Baryonyx*)

重爪龙具有弯曲的巨大拇指爪，也得名于这个不同寻常的特征。它们的头骨又长又窄，和鳄鱼比较相似，在兽脚类里并不常见。头顶具有一道骨嵴，颌部长满了 96 颗尖利的锯齿状牙齿，是其他兽脚类恐龙的两倍。它们的手臂粗壮，异常有力。这些特征，以及在骨架中发现的鱼骨遗骸，都让古生物学家推测重爪龙会和现生熊类一样使用爪子捕鱼。

命名者 查理格和米尔纳，1986 年
栖息地 河岸

骨质头冠

弯曲的肘子

重爪龙的爪子

拇指爪化石没有和骨骼连接在一起，研究者最初以为它们是足部结构，但最近的研究表明它们其实属于手部。古生物学家之所以采用这种复原方式，是因为手臂的长度和粗细在比例上和爪子更相称。

锋利、弯曲的拇指
爪长达30厘米

异常粗壮有
力的臂骨

其他手指上
的锋利爪子

体长：10米	体重：2吨	食物：鱼类，还包括肉类

颞颥孔减轻了
颅骨的重量

细长的颌骨

重爪龙的头骨

许多锯齿状
小牙齿

脊柱上的
骨嵴

族群：虚骨龙类	亚群：暴龙类	生存时间：6800万～6600万年

暴龙（*Tyrannosaurus*）

暴龙（拉丁名意为"暴君蜥蜴"）是有史以来最大的陆生肉食动物之一。它们是体形庞大的兽脚类，腿粗壮有力，头部巨大。古生物学家一直在争论它们是主动的掠食者还是纯粹食腐，以及它们确切的行进速度。但最近的分析表明，暴龙是掠食者，但有机会的时候也会食腐。支持该观点的证据包括鸭嘴龙类和角龙类的骨骼有被暴龙咬伤后愈合的痕迹，可见暴龙会猎杀这些恐龙。在一生的大部分时间里，暴龙的速度应该都可以达到猎物的同等水准，但体形让它们最终只能步行。它们是否长有羽毛仍有争议，但皮肤印痕显示，它们身体的大部分部位都覆盖着卵石一样的鳞片。即便有羽毛，也仅限于背部。

命名者 奥斯本，1905 年

栖息地 开阔森林、沿海森林沼泽

鹅卵石样皮肤质地

15厘米长的锯齿状牙齿

新发现

1990 年，新的暴龙化石在美国的南达科他州被发现了。这具骨架被称为苏，得名于发现者苏·亨德里克森。这具骨架保留了暴龙90%的骨骼。

体长：12米	体重：6.7吨	食物：鸭嘴龙类、角龙类

暴龙骨架

第一具暴龙的复原骨架制备于 1915 年，其采用了直立姿势，尾巴拖在地上。而最近的分析表明，暴龙的脊柱会在行动时和地面平行，身体以腰带为中心达到完美的平衡。

减轻头骨重量的大颞颥孔

12根背椎，都有孔洞来减轻重量

尾巴大约由40块椎骨组成

58颗牙齿

蜥臀类腰带

比较纤细且类似鸟的足部

尾巴硬直地伸出，以保持平衡

根部肌肉发达的尾巴

肌肉发达的长腿

族群：虚骨龙类	亚群：暴龙类	生存时间：7200万～6800万年前

分支龙（*Alioramus*）

分支龙（拉丁名意为"不同的分支"）是君王暴龙的小型亲戚，具有细长的吻部。吻部和头骨上有许多小角和凸起，可能是用于吸引配偶。分支龙的体形之所以小于其他同类，可能是因为它们偏好以小动物为食，而不是更大的角龙类和鸭嘴龙类。

细长的吻部，带有小角和突起

和其他暴龙一样的短手臂

灵活的长腿

命名者 库尔扎诺夫，1976 年
栖息地 林地

体长：5米	体重：369千克	食物：肉类

族群：虚骨龙类	亚群：美颌龙类	生存时间：1.24亿～1.22亿年前

中华龙鸟（*Sinosauropteryx*）

中华龙鸟（拉丁名意为"中国蜥蜴翅膀"）的化石让研究者首次发现恐龙化石上的羽毛印记。它们的羽毛比现生鸟类简单，更像是细丝。通过研究羽毛中保存色素的结构，古生物学家发现中华龙鸟呈红褐色，尾巴有条纹。反荫蔽（体表着色上侧较暗，下侧较浅）的身体可以让它们在开阔的栖息地中进行有效的伪装。

绒毛羽毛

有伪装作用的条纹尾巴

较短的手臂

有三根爪子的脚趾

命名者 季强和姬书安，1996 年
栖息地 开阔的森林

体长：1米	体重：500克	食物：蜥蜴和小动物

族群: 虚骨龙	亚群: 似鸟龙类	生存时间: 7200万～6800万年前

似鸡龙 (*Gallimimus*)

似鸡龙是最著名的似鸟龙之一。它们的身体很短，尾巴又长又硬，腿部纤细，是天生的"飞毛腿"。脖子细长灵活，头骨末端是无牙的长喙。颅腔较大，表明似鸡龙可能智力较高。眼睛虽然不小，但没有立体视觉。

命名者 奥斯穆斯卡等人，1972 年
栖息地 沙漠平原

大眼窝

无牙的喙

头骨化石

有三根脚趾的细长足部

有抓握能力的长手臂

体长: 6米	体重: 400千克	食物: 杂食

族群: 虚骨龙类	亚群: 似鸟龙类	生存时间: 7200万～6800万年前

恐手龙 (*Deinocheirus*)

恐手龙的第一批化石是一对 2.4 米长的巨大手臂，因此它们的拉丁名意为"可怕的手"。新的标本显示，恐手龙属于似鸟龙类。它们具有细的头骨、深深的颌部以及类似鸭子的喙部。腰带上方的背部有一个突起，后肢短，足部宽大且具有蹄状爪子。胃部保存着胃石和鱼类残骸，表明它们是杂食动物。

命名者 凯兰－加沃洛斯卡，1969 年
栖息地 沙漠

身体和尾巴可能类似于其他兽脚类

每只手上有三根手指

25厘米长的爪子

体长: 11米	体重: 6300千克	食物: 杂食

族群：虚骨龙	亚群：似鸟龙类	生存时间：7700万～7600万年前

似鸵龙（*Struthiomimus*）

在被发现之后的很多年里，似鸵龙都被误认成了似鸟龙。这两种恐龙非常相似，主要区别在于似鸵龙的手臂更长，手指更强壮。而且似鸵龙的拇指不能合掌，减少了手的抓握能力。和其他似鸟的恐龙一样，似鸵龙也有小脑袋、没有牙齿的喙部和僵直的长尾巴。

小脑袋

强壮的手指

命名者 奥斯本，1916 年

栖息地 旷野、河岸

长脚骨

体长：3.5米	体重：150千克	食物：杂食

族群：虚骨龙类	亚群：似鸟龙类	生存时间：7700万～6700万年前

似鸟龙（*Ornithomimus*）

似鸟龙是似鸟龙类的典型代表。它们有纤细的手臂和修长的腿。尾部占体长的一半以上，由韧带网保持硬直。小脑袋上有一个没有牙齿的喙部，在S形弯曲的灵活长脖子上高高扬起。颅腔比较大。似鸟龙的身体在奔跑时和地面平行，尾巴伸出以保持平衡。最高时速估计为 50 千米。

脚趾印记

足迹化石

位于脑袋两侧的大眼睛

命名者 马什，1890 年

栖息地 沼泽、森林

足部的长骨头

每只手上都有三根带爪手指

体长：3.5米	体重：175千克	食物：杂食

族群：虚骨龙类	亚群：阿瓦拉慈龙类	生存时间：8300万～7600万年前

鸟面龙（*Shuvuuia*）

　　自发现以来，研究者就在激烈争论鸟面龙（拉丁名来源于蒙古语中的"鸟"）到底是类似恐龙的鸟还是类似鸟的恐龙。现在我们已经可以确定，鸟面龙及其亲属都不是鸟，但因为趋同演化而具有和现生鸟类一样的特征。虽然鸟面龙没有真正的喙，但细长的颌骨上有细小的牙齿，上颌或许可以相对颅腔抬起，这是现生鸟类才具有的能力。化学分析还表明它们长有羽毛。双腿又长又细，可能是快速奔跑的利器。前肢粗短，末端只有一根带爪的手指。这种不寻常的手臂可能是用于挖掘昆虫巢穴。

命名者 齐亚佩等人，1998 年

栖息地 林地

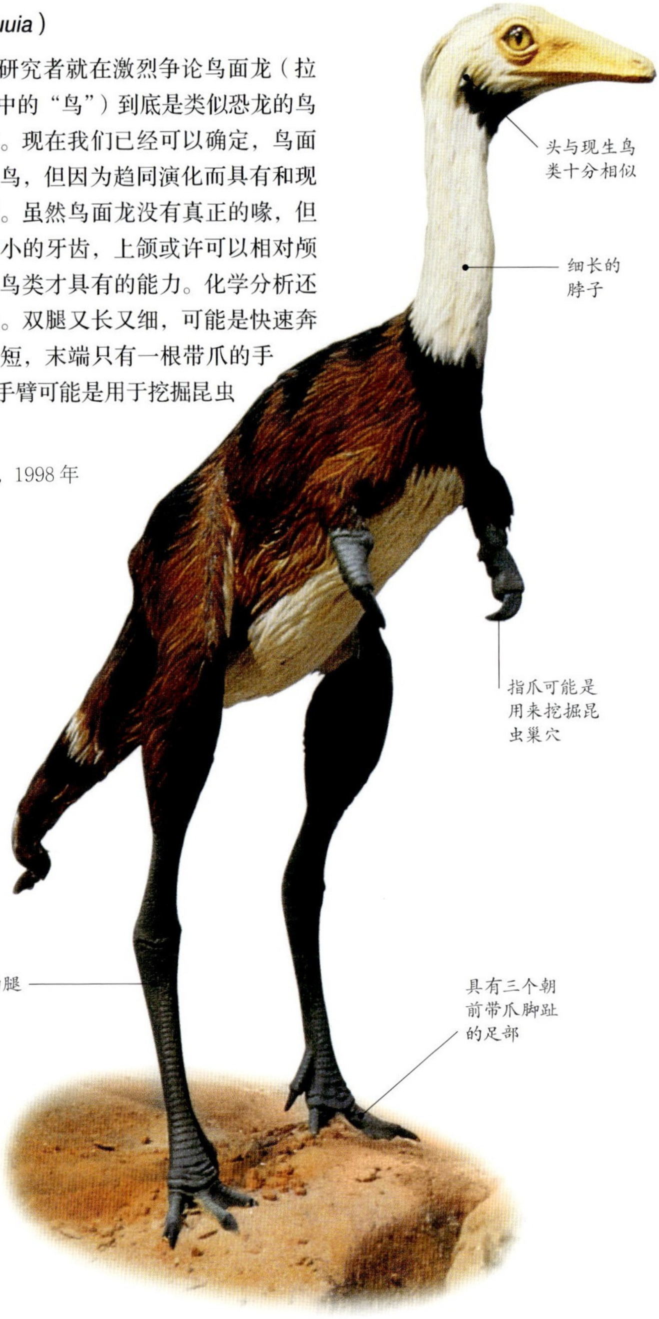

头与现生鸟类十分相似

细长的脖子

指爪可能是用来挖掘昆虫巢穴

细长的腿

具有三个朝前带爪脚趾的足部

体长：1米	体重：2.5千克	食物：昆虫、小型爬行动物

族群：虚骨龙类	亚群：镰刀龙类	生存时间：7200万~6800万年前

镰刀龙 (*Therizinosaurus*)

镰刀龙（拉丁名意为"镰刀蜥蜴"）可以算是最古怪的恐龙，其复原形象是以该族群其他成员的化石为依据的。除了长度惊人的手臂之外，人们对它知之甚少。它们每只手有三根手指，末端带有两侧扁平的弯爪，第一根爪子比人的手臂还长。但爪子很钝，似乎不能用于攻击，有人认为它们的爪子是用于求偶或耙植物。镰刀龙以前被归入窃蛋龙类，但其实是和后者无关的独立族群。

爪子长度可达60厘米

镰刀爪化石

无牙的喙部

皮肤上可能有纤细的毛发状羽毛

三根带爪手指

命名者 马列夫，1954年
栖息地 林地

体长：11米	体重：未知	食物：肉类，也可能包括植物

族群：虚骨龙类	亚群：窃蛋龙类	生存时间：7600万~6800万年前

葬火龙 (*Citipati*)

葬火龙属于窃蛋龙类，这类恐龙之所以被称为"偷蛋贼"，是因为其第一具标本被发现时和一窝蛋保存在一起，而研究者以为这是原角龙的蛋。但数十具新的标本（见右图）证明窃蛋龙是在守护自己的蛋，而且会像鸡一样孵蛋。和大多数其他窃蛋龙类成员一样，葬火龙的头部极短，有一个高大的头冠和喙部，是以植物和小型猎物为食的杂食性恐龙。葬火龙及其近亲窃蛋龙类的化石显示它们都有羽毛。

吻部的角状嵴

一窝蛋

巢穴化石

短喙

命名者 克拉克等人，2001年
栖息地 半沙漠

类似鸟类的足部

体长：2.5米	体重：105千克	食物：植物和小型猎物

| 族群：虚骨龙类 | 亚群：窃蛋龙类 | 生存时间：1.3亿～1.22亿年前 |

尾羽龙（*Caudipteryx*）

这种身披羽毛的小恐龙有力地证明了鸟类起源于兽脚类恐龙。尾羽龙是兽脚类恐龙，手臂、身体的大部分区域和短尾巴都覆盖着羽毛。羽毛的结构各不相同，有的是绒羽，有的是具有羽轴和羽片的翎羽。羽毛对称，可见尾羽龙不会飞行。现在的研究者认为，这种复杂的羽毛诞生于更古老且不会飞的兽脚类恐龙，并由尾羽龙和现生鸟类的远亲继承了下来。

命名者 季强等人，1998 年

栖息地 湖畔

尖尖的喙部，
上颌前部有一
簇牙齿

小而短的
头骨，下颌
没有牙齿

具有对称
羽毛的短
手臂

修长的腿
部非常适
合奔跑

像鸟类一样的脚，
带有三根朝前的
有爪脚趾

| 体长：90厘米 | 体重：10千克 | 食物：植物 |

族群：近鸟型恐龙	亚群：驰龙类	生存时间：1.2亿年前

小盗龙（*Microraptor*）

小盗龙（拉丁名意为"小盗贼"）的前肢和后肢都有翅膀结构。羽毛的微观结构表明它们会呈现出虹彩黑色，类似于现生椋鸟。研究者最初以为小盗龙只能用四只翅膀滑翔，但最近的研究表明它们或许可以实现动力飞行。它们可能会利用爆发式的短程飞行捕捉蜥蜴和鱼，胃内容物里也留下了这些猎物的遗骸。

命名者 徐星等人，2000 年
栖息地 森林和湖泊

复杂分枝羽毛
构成的翅膀

手臂和双腿
都有羽翼

呈现虹彩黑
色的羽毛

用于保持
稳定的菱
形羽扇

体长：1米	体重：350克	食物：蜥蜴和鱼类

族群：近鸟型恐龙	亚群：驰龙类	生存时间：1.08亿～9800万年前

恐爪龙（*Deinonychus*）

　　恐爪龙（拉丁名意为"可怕的爪子"）得名于每只脚第二趾上的镰刀形爪子，是白垩纪最可怕的掠食者之一。新的研究表明，镰刀爪作为穿刺武器的攻击力最强。恐爪龙可能会扑到猎物身上，一边用利爪压制对方，一边生吞活剥。之前的研究认为它们会群体狩猎，因为人们曾在一头大型腱龙化石身边发现了一群恐爪龙化石。但现在的观点认为，这些恐爪龙是被腱龙的尸体所吸引，最终死于自然陷阱之中的。

命名者 奥斯特罗姆，1969 年
栖息地 森林

轻巧的身体

硬直的尾巴

长后肢

镰刀爪在奔跑时离地

体长：3~4米	体重：70千克	食物：植食性恐龙

族群：近鸟型恐龙	亚群：驰龙类	生存时间：7700万～7600万年前

驰龙（*Dromaeosaurus*）

　　驰龙（拉丁名意为"奔跑的蜥蜴"）是第一种为人所知的镰刀爪恐龙。但它们仅留下了少数骨骼化石，很难复原，因此具体分类是在恐爪龙得到描述后才得以明确。这种恐龙比恐爪龙体形更小，但其他特征非常相似。它们的身体和四肢都十分修长，脑袋很大。锋利的爪子可能用于压制和刺穿猎物。

与鸟类一样的腰带骨骼

命名者 马修和布朗，1922 年
栖息地 森林和平原

大眼窝

朝后的利齿

大颅腔表明智力较高

体长：1.8米	体重：15千克	食物：植食性恐龙

族群：近鸟型恐龙	亚群：驰龙类	生存时间：8300万～7600万年前

伶盗龙（*Velociraptor*）

　　伶盗龙（拉丁名意为"快速小偷"）留下了许多保存完好的骨架，因此成了家族中最著名的成员。它们吻部扁平、头部细长，不同于其他驰龙类成员。伶盗龙必然是强大的掠食者，因为它们的颌部具有大约80颗利齿，每只脚的第二趾末端都有可以刺穿猎物的镰刀爪。脖子呈S形，手上有三根带爪手指。伶盗龙可能会群体狩猎。传统的复原形象都在它的皮肤上添加了鳞片，但最近的分析表明，它们其实身披绒羽或原始羽毛。伶盗龙不会飞，但具有和现生鸟类十分相似的羽翼。

命名者 奥斯本，1924年

栖息地 林地

凝固的死亡瞬间

　　一只伶盗龙在死亡的前一刻仍在和原角龙缠斗，它们造就了恐龙化石中最著名的标本之一。

大眼窝

细长的颌部，长有弯曲的尖牙

头骨化石

硬直的尾巴向后伸出，以保持平衡

身体的大部分区域都覆盖着绒羽

胫骨很长的细腿，适合快速奔跑

可以抓握且有爪子的三指手部

巨大的第二趾镰刀爪

体长：1.8米	体重：15千克	食物：蜥蜴、哺乳动物、小型恐龙

| 族群：近鸟型恐龙 | 亚群：伤齿龙类 | 生存时间：8300万～7600万年前 |

蜥鸟龙（*Saurornithoides*）

蜥鸟龙（拉丁名意为"蜥蜴鸟形态"）的化石目前只有头骨、一些臂骨和牙齿，但可以确定伤齿龙类的身份。狭长的头骨具有较大的颅腔。长而有力的手臂末端具有能够抓住猎物的三指手部。

长而窄的鼻子

较大的颅腔

颌部具有许多锋利的牙齿

命名者 奥斯本，1924 年

栖息地 平原

| 体长：2～3.5米 | 体重：13～27千克 | 食物：肉类 |

| 族群：近鸟型恐龙 | 亚群：伤齿龙类 | 生存时间：8300万～7600万年前 |

伤齿龙（*Troodon*）

伤齿龙（拉丁名意为"有破坏力的牙齿"）得名于锋利的锯齿状牙齿。它们的化石非常罕见，目前尚未发现完整的骨架。复原依据是已发现的化石和从相似近亲身上得来的细节。它们可能是捕猎高手，具有修长的后肢，巨大的第二趾镰刀爪，以及能够抓握猎物的三指带爪手部。镰刀爪小于恐爪龙（见第121页）和伶盗龙的爪子。因此部分古生物学家认为伤齿龙的镰刀爪主要用于防御。伤齿龙应当会用长腿快速奔跑，僵硬的尾巴向后伸出保持平衡。针对纤细头骨的分析表明它们具有敏锐的视力，听力可能也很优秀。颅腔和身体之比相当大，可见伤齿龙在恐龙中智力超群。有些化石巢穴中保留着伤齿龙蛋。

锐利的大眼睛

纤细轻盈的身体

三指手部

第二脚趾上的镰刀爪

命名者 莱迪，1856 年

栖息地 平原

| 体长：2米 | 体重：50千克 | 食物：肉类、动物尸体 |

族群：近鸟型恐龙	亚群：鸟翼类	生存时间：1.29亿~1.22亿年前

孔子鸟（*Confuciusornis*）

孔子鸟是第一种真正具有角质喙的鸟类。它们身上混合了原始特征（带爪的翼指和扁平的胸骨）和现生结构，例如更深的胸部和缩短的尾综骨。脚爪高度弯曲，大趾倒转，表明它们是树栖动物。雄性有长尾羽。喙部末梢略微上翘，因此食性还有争议。孔子鸟很可能是现生鸟类的旁系。

命名者　侯连海等人，1995 年

栖息地　林地

带有弯爪的三根翼指

无牙的角质喙部，略微向上弯曲

体长：31 厘米	体重：未知	食物：种子，可能还包括鱼类

族群：近鸟型恐龙	亚群：扇尾类	生存时间：8400万~7800万年前

黄昏鸟（*Hesperornis*）

这种带齿大型海鸟的生活方式和现生企鹅非常相似。它们失去了飞行能力，残存的翅膀又小又粗。头部又长又低，长喙上有锋利的尖牙，用于捕捉鱼类和其他小型海洋生物。黄昏鸟（拉丁名意为"西部鸟类"）可能是游泳高手，利用大蹼足推进身体前进，但可能很难在陆地上移动。它们可能会在海边筑巢。

命名者　马什，1872 年

栖息地　海滨

位置靠后的双腿

体长：2 米	体重：未知	食物：鱼类、乌贼

族群：近鸟型恐龙	亚群：扇尾类	生存时间：9500万～8300万年前

鱼鸟（*Ichthyornis*）

这种有齿原始鸟类的颌部一度被误认为幼年沧龙的化石，但研究者在1952年重新检视了化石，并为之翻案。鱼鸟的颌骨和牙齿确实和海生爬行类十分相似。它们属于海鸟，大小和体形类似于现生海鸥，但头部和喙部要大得多。具有龙骨突的发达胸骨和深深的胸腔表明它们可能是强壮的飞鸟。蹼足上带有爪子。

命名者 马什，1872年
栖息地 海滨

从比例上看较大的头部

长长的角质喙，长满了锋利的牙齿

带有短爪的蹼足

体长：20厘米	体重：未知	食物：鱼类

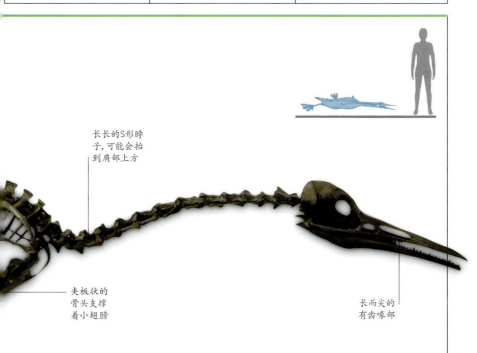

长长的S形脖子，可能会抬到肩部上方

夹板状的骨头支撑着小翅膀

长而尖的有齿喙部

蜥脚类

白垩纪是巨兽时代，它见证了泰坦龙类的崛起。这类恐龙名不虚传，其中出现了有史以来最庞大的陆生动物。泰坦龙类中哪种体形最大，或者哪个测量指标才是最重要的，至今仍有争议，不过晚白垩世的阿根廷龙肯定可以在最大恐龙的比赛中一争高下。泰坦龙类遍布全球，在每一块大陆上都留下了遗骸，就连南极洲也不例外。不过它们在南半球更为常见。群体筑巢地表明它们可能过着群体生活，骨骼内部结构的分析表明它们会以惊人的速度长成庞然大物。泰坦龙类一直延续到白垩纪末期才和其他非鸟类恐龙一起灭绝。而梁龙和腕龙都早早消失，没能看到白垩纪末期的大灭绝。尽管这两种恐龙在侏罗纪里遍布全球，但早白垩世的化石记录已经大幅度减少。当时的腕龙仅见于北美洲南部和冈瓦纳大陆西北部，而梁龙仅见于南美洲、非洲和欧洲。它们衰落并灭绝的原因尚不明确，不过在侏罗纪—白垩纪之交，这也是大范围生态系统重组中的一个环节。

族群：蜥脚类	亚群：泰坦龙类	生存时间：7000万～6800万年前

萨尔塔龙（*Saltasaurus*）

萨尔塔龙发现于阿根廷，得名于化石点所在的省份，为蜥脚类恐龙具有铠甲提供了第一份证据。化石包括几具残缺的骨架，被数千块骨板所包围。大多数骨板都很小，但也有较大的骨板，可能最后还演变成了骨质棘刺。它们可能覆盖了萨尔塔龙的背部和身体侧面，形成防御武器。萨尔塔龙具有长脖子和灵活的长尾巴。头骨粗短。和大多数蜥脚类恐龙一样，它们可能也没法用后肢站立。

命名者 波拿巴和鲍威尔，1980 年

栖息地 林地

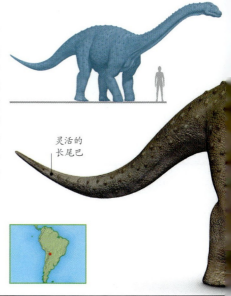

灵活的
长尾巴

体长：12米	体重：20吨	食物：植物

| 族群：蜥脚类 | 亚群：泰坦龙类 | 生存时间：9300万~8900万年前 |

阿根廷龙（*Argentinosaurus*）

阿根廷龙（拉丁名意为"阿根廷蜥蜴"）只留下了寥寥几块骨骼，包括一些巨大的背椎，横截面宽度超过 1.5 米。其他骨骼包括骶骨、腓骨和几根肋骨。化石证据稀少让阿根廷龙显得十分神秘。不过它们似乎是有史以来最重的恐龙。和其他泰坦龙类一样，它们的脖子和尾巴应该会十分细长，头骨很可能是小小的三角形。

命名者 波拿巴和科里亚，1993 年
栖息地 林区

细长的脖子

身体可能与其他泰坦龙类相似

长尾巴

大象一样粗壮的四肢，脚趾带爪

| 体长：30米 | 体重：96吨 | 食物：针叶树 |

覆盖背部和身体侧面的骨板和突起

鼻孔在头部的高处

脖子比尾巴更短

不同大小骨板的化石印记

盔甲化石

鸟臀类

鸟臀类恐龙的所有主要族群都存活到了白垩纪，在白垩纪末期的大灭绝之前繁荣昌盛。虽然装甲类恐龙在侏罗纪更大更成功，但角足类恐龙（包括头饰龙类和鸟脚类）在白垩纪里取而代之。甲龙类幸存到了白垩纪的末期，而剑龙在早白垩世就宣告灭绝。小型两足鸟脚类在早白垩世里演化出了具有独特拇指尖刺的禽龙类。禽龙类又在晚白垩世里演化出了鸭嘴龙类，后者有数千颗高度特化的牙齿，用于磨碎植物。鸭嘴龙非常成功，遍布劳亚大陆，还在白垩纪末期跨越海洋来到了南美洲和非洲。头饰龙类里有两个族群，即肿头龙类和角龙类，它们都在白垩纪里演化出了众多成员。肿头龙类具有点缀着精致头饰的圆头顶，而且遍布亚洲和北美洲。角龙类始终体形很小，直到晚白垩世才开始变大，多样性也随之爆发，成群结队地在北美洲游荡。部分巨大的晚白垩世的角龙类拥有陆生动物中有史以来最大的头骨，例如牛角龙。角龙类还演化出了一口复杂的牙齿，可以采用切割的方式咀嚼食物。这类恐龙中包括颈盾华丽的尖角龙类和有长角的开角龙类。它们都没有迁徙到亚洲，但原因尚不明确。

族群：甲龙类	亚群：甲龙类	生存时间：6800万~6600万年前

甲龙（*Ankylosaurus*）

甲龙（拉丁名意为"融合蜥蜴"）被生动地称为活坦克。它们身体结实，颈部和头部都有厚厚的装甲带保护。皮肤厚且坚韧，镶嵌有数百个椭圆形的骨盘和一排排棘刺。后脑勺上伸出一对长棘刺，颧骨上也长着一对面部尖刺。尾巴上有一只骨锤，能够以千钧之力挥动。四条短腿十分强壮，身躯宽阔矮胖。面部也很宽，有一个钝钝的吻部，末端是无牙的喙。

命名者 布朗，1908 年
栖息地 林地

骨板

角质喙

前肢短于后肢

体长：7.5~10.5米	体重：4.5~7吨	食物：植物

族群：装甲类	亚群：甲龙类	生存时间：1.05亿~9900万年前

盾龙（*Kunbarrasaurus*）

这种身披厚甲的甲龙类成员体形不大，但身体沉重，得名于马伊语（澳大利亚昆士兰乌努马拉原住民语言）中的"盾牌"一词。它们的背部有几排小小的骨板，腰带处还有三角形棘刺。脖子和肩膀上具有骨板。头部呈箱形，吻部非常狭窄，末端是一个角质喙。脸颊后面有四根小角。

命名者 利希等人，2015 年
栖息地 灌木丛和树林平原

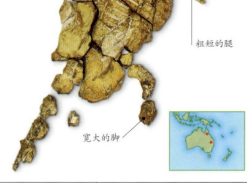

短脖子

粗短的腿

宽大的脚

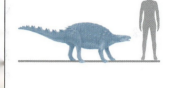

体长：3米	体重：未知	食物：低矮植物

骨质大尾锤

末端骨板

尾巴末端硬直地伸出

侧面骨板

支撑尾巴末端的骨质肌腱

有五根短脚趾的足部

鼻孔

头部棘刺

没有保护的下腹部

牙齿

头骨化石

化石尾锤

族群：甲龙类	亚群：甲龙类	生存时间：1.44亿~1.12亿年前

加斯顿龙（*Gastonia*）

加斯顿龙（得名于古生物学家和铸模制作人罗伯特·加斯顿）同时具有甲龙类和结节龙类的特征。这种植食性动物的防御性盔甲令人大开眼界，它们的头上有四根尖角，脖子上有骨环，背部和身体两侧都覆盖着一排排尖刺，融合的骨质装甲板保护着腰带。尾巴可以左右甩动，而且每侧都有几排三角形利刃。脊椎两侧长有向上和向外弯曲的长尖刺，在掠食者面前形成了坚不可摧的防御状态。

弯曲的背部棘刺

角质喙

命名者 柯克兰，1998 年
栖息地 林地

体长：5米	体重：1吨	食物：植物

族群：甲龙类	亚群：甲龙类	生存时间：7700万~7600万年前

包头龙（*Euoplocephalus*）

身体仿佛主战坦克的包头龙（拉丁名意为"盔甲精良的头"）具有镶嵌在背部的盔甲带和骨钉。颈部覆盖着融合的骨板，三角形的角保护着肩膀、尾巴根部和面部。尾巴末端有一个骨骼融合形成的大球，可以作为摆锤攻击掠食者。

头骨的最高点位于眼睛前方

大鼻腔

头骨化石

背部的棘刺和突起

命名者 兰贝，1910 年
栖息地 林地

次级骨性眼睑保护着眼睛

四肢粗短

体长：6米	体重：2吨	食物：植物

头骨的最高点位于眼睛前方

尾巴边缘有尖刺,但没有尾锤

眼窝

角质喙后面的小颊齿

不完整的头骨化石

后肢长于前肢

强壮的腰带和脊柱融合

化石盔甲

覆盖颈部的骨板

尾锤

族群：甲龙类	亚群：结节龙类	生存时间：7300万～7100万年前

埃德蒙顿甲龙（*Edmontonia*）

　　这种甲龙（拉丁名意为"来自埃德蒙顿"）具有粗壮的身体、四条粗短的腿、宽大的足部和短脖子。背部和尾部有一排排骨板（鳞甲）和尖刺。肩部的铠甲特别出众，由长长的尖刺和大骨板构成。已发现的化石鳞甲并不对称，可见它们不会从皮肤中垂直伸出，而是和皮肤有一定夹角。埃德蒙顿甲龙的头骨又长又扁，鼻腔很大，颌部脆弱。吻部前端有角质无牙喙，口腔里有脆弱的小颊齿。一些古生物学家认为，埃德蒙顿甲龙的肩刺更有可能是用于防御或吸引配偶，而不是战斗。

命名者　斯腾伯格，1928 年

栖息地　林地

不太灵活的尾巴

背部的三角形棘刺

倾斜的背部

由骨质鳞甲保护的短脖子

长头骨

沿尾巴分布的鳞甲

角质喙

两根肩部棘刺

可以用于发酵植物的巨大肠道

后肢长于前肢

宽而扁平的足部

体长：6米	体重：3.5吨	食物：低矮植物

| 族群：头饰龙类 | 亚群：肿头龙类 | 生存时间：7700万~7600万年前 |

剑角龙（*Stegoceras*）

　　剑角龙（拉丁名意为"屋顶的角"）是奔跑高手，可以承受剧烈的头部互撞。发起冲锋的时候，头部呈直角垂下，颈部、身体和尾巴保持在一条直线上，以维持平衡。头盖骨增厚，形成坚固的圆顶骨骼，骨骼的纹理与表面成一定角度，因此能够更有效地承受冲击。目前已发现两种类型的头骨，一种圆顶低而平坦，另一种则高且圆。这可能是幼龙和成年龙之间的差异。剑角龙有细小的锯齿状牙齿，非常适合切碎植物。

命名者 兰贝，1902 年
栖息地 高地森林

眼睛上方的骨脊和圆圆的后脑勺

头盖骨增厚成圆顶骨骼

头骨化石

略微弯曲的锯齿状牙齿

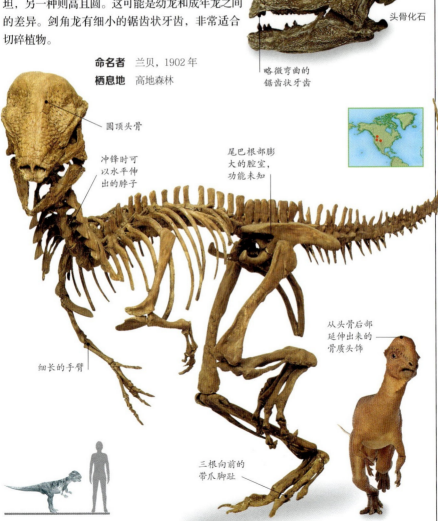

圆顶头骨

冲锋时可以水平伸出的脖子

尾巴根部膨大的腔室，功能未知

细长的手臂

从头骨后部延伸出来的骨质头饰

三根向前的带爪脚趾

| 体长：2米 | 体重：54千克 | 食物：树叶、水果 |

| 族群: 头饰龙类 | 亚群: 肿头龙类 | 生存时间: 7000万～6600万年前 |

肿头龙（*Pachycephalosaurus*）

　　肿头龙（拉丁名意为"厚头蜥蜴"）的名字非常形象。头骨顶部是 25 厘米厚的实心骨骼。它们可能会将头部当成攻城锤来防御敌人或争夺领土。吻部长有大量骨突，还有一个喙部。后脑勺上也环绕着圆形突起。较细的腿骨和足骨表明它们虽然看似笨重，但其实可能是奔跑高手。肿头龙是肿头龙类里最大的成员，也是白垩纪末期大灭绝之前，存活到最后的恐龙之一。

命名者　布朗和施莱克杰，1943 年

栖息地　森林

头盖骨非常厚实，在头顶形成一个圆顶

口腔前部弯曲的尖齿

颅骨

后脑勺骨突

由韧带加强的笔直尾巴

鼻子上的角质小突起

五指手部

细长的腿

长爪子

三趾足部

| 体长: 5米 | 体重: 2吨 | 食物: 树叶、水果，也许还有小动物 |

族群: 头饰龙类	亚群: 角龙类	生存时间: 1.26亿~1.01亿年前

鹦鹉嘴龙 (*Psittacosaurus*)

　　鹦鹉嘴龙得名于其特有的方形头骨和弯曲的喙部。颧骨上有一对尖角，可能是用于战斗或吸引配偶。后腿细长，可见它们是可以快速奔跑的两足恐龙。带有钝爪的长脚趾可能有挖掘功能。整条长尾巴都由骨质肌腱加固。

命名者 奥斯本，1923 年

栖息地 沙漠和灌木丛

无牙喙后面的牙齿

尖角

头骨化石

用于保持平衡的尾巴

后肢的四根带爪脚趾

体长: 2米	体重: 80千克	食物: 植物

族群: 头饰龙类	亚群: 角龙类	生存时间: 8300万~7600亿年前

原角龙 (*Protoceratops*)

　　原角龙（拉丁名意为"早于有角的脸"）因为留下了大量化石而为人所熟知。它们的头骨后方有宽大的颈盾。和其他角龙类一样，眼睛和大量上颌牙齿之间有一根小鼻角。原角龙的腿很细，可能不太擅长奔跑。

命名者 格兰杰和格雷戈里，1923 年

栖息地 灌木丛和沙漠

随着年龄而增大的头饰

成年龙头骨

尾巴上的突起，用于展示或储存脂肪

修长的腿

体长: 1.8米	体重: 180千克	食物: 植物

| 族群：角龙类 | 亚群：尖角龙类 | 生存时间：7700万～7600万年前 |

尖角龙（*Centrosaurus*）

尖角龙（拉丁名意为"有角的蜥蜴"）最明显的特征是吻部长角。它们还有两根小眉角和竖立在头部后面的颈盾。颈盾具有波浪形边缘和棘刺。尖角龙有巨大的身体，短尾巴和粗壮的腿。一个骨床里产出许多尖角龙和戟龙，它们都在干旱中死于水塘边。

命名者 兰贝，1904 年
栖息地 林地

波浪边缘

用于展示和防御的眉角

有皮肤覆盖的开孔，用于减轻颈盾重量

具有锯齿边缘的牙齿

角质喙

| 体长：6米 | 体重：3吨 | 食物：低矮植物 |

| 族群：角龙类 | 亚群：尖角龙类 | 生存时间：7700万～7600万年前 |

戟龙（*Styracosaurus*）

戟龙（拉丁名意为"有尖刺的蜥蜴"）是最震撼人心的角龙类，它们的颈盾后缘上有六根长棘刺，周围还有一些较小的棘刺。吻部有一根朝向前上方的大角。吻部很深，鼻孔似乎过大，不过原因不明。四只脚上都有五根带爪状蹄的脚趾。牙齿不断生长，以取代磨损的旧牙，还会以剪切动作切割坚韧的植物。

命名者 兰贝，1913 年
栖息地 开阔林地

颈盾的孔洞，用于减轻重量

头骨化石

防御尖刺

防御用的鼻角

| 体长：5.2米 | 体重：2.8吨 | 食物：蕨类植物和苏铁 |

族群：角龙类	亚群：开角龙类	生存时间：7700万～7600万年前

开角龙（*Chasmosaurus*）

开角龙（拉丁名意为"开口蜥蜴"）是典型的颈盾角龙。它们身体庞大，有四条粗壮的腿。最显著的特征是巨大的颈盾，生前可能色彩鲜艳，有吸引配偶的作用。颈盾很长，超过了肩膀。其骨骼具有两个覆盖着皮肤的大洞，减轻了重量。颈盾边缘有三角形的骨突。开角龙有一根小鼻角和两根钝眉角，长度存在物种和性别差异。吻部前方还有和鹦鹉一样的喙部。皮肤上布满了五边形和六边形的突起。

命名者 兰贝，1914 年

栖息地 林地

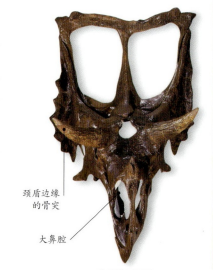

颈盾边缘的骨突

大鼻腔

头骨的正面图

腰带和八块骶椎牢牢连接

颈盾竖立，可能是为了恐吓掠食者

短尾巴

钝蹄

四只脚上都有五根短脚趾

类似鹦鹉的角质喙

体长：5米	体重：2.5吨	食物：苏铁、棕榈树和其他植物

族群: 角龙类	亚群: 开角龙类	生存时间: 6800万~6600万年前

三角龙 (*Triceratops*)

三角龙（拉丁名意为"三角的脸"）可能是最著名的有角恐龙，它们生活在白垩纪末期的北美洲。它们的鼻角粗短，但两根长眉角都超过1米，向前弯曲并略微向外超出吻部。颈盾边缘长有尖尖的突起，加强了保护和装饰的作用。许多三角龙头骨化石上都有疤痕，表明三角龙可能会为了争夺领土或配偶而与对手抵角战斗。

命名者 马什，1889 年
栖息地 林地

三角龙头骨

三角龙头骨的实心结构意味着它比大多数恐龙的头骨更容易形成化石。目前已经发现了50多个三角龙头骨。

吻部前面的角质喙

坚实的颈盾

体长: 9米	体重: 4.5~10吨	食物: 植物

强壮的骨盆结构

短鼻角

头部通过球窝关节与颈部相连

骨架复原

颈盾边缘的骨突

实心骨骼构成的厚重颈盾

眉角远长于鼻角

| 族群: 角龙类 | 亚群: 开角龙类 | 生存时间: 7500万~7300万年前 |

五角龙（*Pentaceratops*）

　　五角龙（拉丁名意为"五角脸"）得名于面部的五根尖角。除了吻部常见的直形尖角和两根弯曲的眉角，它们的脸颊上还有尖刺状突起。五角龙最不寻常的特征是头部大小。1998 年复原的五角龙头骨长度超过 2.3 米。颈盾也十分庞大，边缘有三角形骨突。身体宽阔结实，尾巴短而尖，足部还有蹄状爪。

头骨碎片

命名者　奥斯本，1923 年

栖息地　树木繁茂的平原

颈盾的扇形边缘

巨大的颈盾，可能具有用于吸引配偶的艳丽色彩

沉重的身体，厚实的皮肤

雄性弯曲的眉角更长

直鼻角

弯曲的角质喙

颊角

短腿

蹄状爪

| 体长: 5~8米 | 体重: 2.5~8吨 | 食物: 植物 |

| 族群：鸟臀类 | 亚群：鸟脚类 | 生存时间：1.32亿～1.29亿年前 |

棱齿龙（*Hypsilophodon*）

这种原始鸟臀类恐龙的名字意为"高冠状的牙齿"，学术界公认它们是能够高速奔跑的陆生恐龙。它们用后肢行动，短大腿骨和长胫骨意味着它们可以大步前进。尾巴由骨质韧带网加固，有助于在奔跑时保持平衡。小脑袋上有角质喙和大眼睛。颌部长有 28 颗或 30 颗尖利的颊齿，口腔有颊囊。一处化石床产出过大量化石，表明它们过着群体生活。

命名者 赫胥黎，1869 年
栖息地 森林

背部可能有两排骨板

骨架轻盈

五指手部

四趾足部，一根脚趾上有爪

小喙

比较瘦弱的短前臂

细长的尾巴笔直地向后伸出

| 体长：2米 | 体重：68千克 | 食物：植物 |

族群：鸟脚类	亚群：禽龙类	生存时间：1.32亿～1.29亿年前

禽龙（*Iguanodon*）

　　研究者曾经以为禽龙（拉丁名意为"鬣蜥牙齿"）可以用两足行走，但最近的分析表明它们是纯粹的四足动物。后肢就像粗壮的柱子，而前肢要细短得多。每只手中间的三根手指都由一块皮肤垫连接在一起，第五指可以卷曲起来抓握食物。拇指上有一根长刺。禽龙可以咀嚼食物。它们的上颌具有屈戍关节，所以上颌的牙齿可以和下颌牙齿相互研磨。

命名者 曼特尔，1825 年
栖息地 林地

体长：9米	体重：4～5吨	食物：植物

研磨齿列

头骨化石

颌部前方
的角质喙

身体保持水
平并在腰带
处保持平衡

15厘米长的
拇指尖刺

拇指尖刺化石

粗大的尾巴硬
直地伸出，以
保持平衡

族群：鸟脚类	亚群：禽龙类	生存时间：1.29亿～1.25亿年前

无畏龙（*Ouranosaurus*）

无畏龙意为"勇敢的蜥蜴"，最明显的特征是从脊椎和尾椎中长出的一排棘刺。它们从肩部一直延伸到尾巴中部。一些古生物学家认为它们支撑着背帆，而背帆最有可能的用途是吸引配偶。无畏龙的两眼之间有一对骨突。它们还有一个角质喙。

命名者 塔凯，1972 年

栖息地 热带平原和森林

一对骨突形成的头饰

角质喙

拇指尖刺

体长：7米	体重：4吨	食物：树叶、果实和种子

族群：鸭嘴龙类	亚群：栉龙类	生存时间：8300万～7000万年前

慈母龙（*Maiasaura*）

名字意为"好妈妈蜥蜴"，这是因为它们的遗骸附近有巢穴化石。巢穴是在泥地里挖掘而成的，大约 2 米宽，盛放着一圈圈恐龙蛋。处于不同发育阶段的幼龙化石表明，父母在很长一段时间里都会为巢里的幼龙寻找食物。慈母龙似乎每年都会聚集在一起筑巢。它们的嘴里具有大量适合研磨坚硬植物的颊齿。

命名者 霍纳和马克拉，1979 年

栖息地 沿海平原

僵硬的细尾巴

长后肢

幼龙骨架

体长：9米	体重：5吨	食物：树叶

撒哈拉的发现
尼日尔境内发现过两具无畏龙的骨架。

尾巴僵硬地伸出

后肢长于前肢

三趾足部上有蹄状指甲

大眼窝是幼龙的特征

数百颗研磨颊齿

筑巢地复原

族群：鸭嘴龙类	亚群：赖氏龙类	生存时间：7700万～7600万年前

盔龙（Corythosaurus）

盔龙（拉丁名意为"科林斯式头盔蜥蜴"）得名于独特的空心头饰。头饰是由形态大幅度改变的鼻骨构成，扩大的鼻道形成了其中的中空结构。目前认为头饰是共振结构，用于在群体里传递信号。头饰模型表明它会在吹气时发出类似鸣笛的隆隆声，为这个理论提供了新的证据。盔龙以低矮的植物为食，大部分时间都四肢并用。它们拥有宽大的无牙喙。

椎骨可能支撑着狭窄的皮肤颈盾

壮观的头饰

S形的颈部使头部靠近地面

命名者 布朗，1914 年
栖息地 森林

体长：10米	体重：4.5吨	食物：树叶、种子和松针

族群：鸭嘴龙类	亚群：赖氏龙类	生存时间：7700万～7300万年前

副栉龙（Parasaurolophus）

这种恐龙的名字意为"几乎有冠饰的蜥蜴"，长号一样的头饰让它们在恐龙里独树一帜。头饰可以达到 1.8 米，可能是用于展示和为声音信号产生共振。研究者曾经认为副栉龙的头饰与颈部之间有一道皮肤颈盾，但目前的分析已经基本推翻了这个理论。

从腰带向下倾斜的椎骨

细尾巴

向后倾斜的脊椎

强壮的长后肢

命名者 帕克斯，1922 年
栖息地 林地

没有拇指的手

体长：10米	体重：4吨	食物：树叶、种子和松针

尾部高大的尾椎和V形骨棒

顶部的脊椎向后倾斜

骨质韧带网络使尾巴挺直

脚趾较短

腰带区域的细节
盔龙尾部的骨棒网络使脊柱不能移动。

族群：鸭嘴龙类	亚群：赖氏龙类	生存时间：7700万～7600万年前

赖氏龙（*Lambeosaurus*）

　　赖氏龙得名于古生物学家劳伦斯·兰贝，是盔龙的近亲。它们具有两种不寻常的头饰：吻部上方高大的空心头饰，以及朝后的实心的骨刺。这些头饰可能用于社会识别和信号传递。和赖氏龙类的其他成员一样，它们也有高而扁的尾巴。尾巴无法活动，只能僵硬地伸出。赖氏龙成群结队地行动，四肢并用地采食低矮植物。

命名者 帕克斯，1923 年
栖息地 林地

用于发出信号的空心头饰

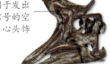

头骨化石

高大的脊椎和形成粗长尾巴的V形骨棒

从腰带向下倾斜的脊椎

骨刺

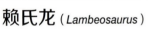

体长：9米	体重：4吨	食物：低矮的叶片、水果和种子

其他双孔类

双孔类动物和其他大多数动物一样，都在白垩纪达到了多样性的顶峰。龟类回到了大海，古巨龟等部分成员还演化出了庞大的体形。鳞龙类中出现了多种成员，蛇类在晚白垩世里诞生。大约在同一时间里，蛇类的近亲回到水中，并演化出了沧龙，后者会成为海洋中的顶级掠食者。它们之所以能够得到这样的机会，原因之一便是鱼龙数量缩减，并最终在白垩纪—古近纪灭绝之前就宣告灭绝。上龙类和蛇颈龙类在整个早白垩世里都是顶级水生掠食者，而且在继续特化。上龙类的脖子依然很短，还演化出了巨大的头骨来捕食大型猎物，而蛇颈龙的颈部变得更长，最终在薄板龙类里登峰造极，其中部分成员具有 70 多块椎椎。翼手龙类在整个早白垩世里持续爆发，演化出了多种高度特化的成员。风神翼龙（见第 154 页）等成员拥有其他飞行动物所无法比拟的惊人体形。研究者曾经认为翼龙的多样性在晚白垩世有所下降，只有大型族群幸存下来，这可能是和鸟类竞争的结果。但许多新的研究都表明小型翼龙也幸存了下来，在白垩纪末期才与恐龙一起灭绝。

族群：蛇颈龙类	亚群：上龙类	生存时间：1.25亿～1亿年前

克柔龙（*Kronosaurus*）

克柔龙（拉丁名意为"克罗诺斯蜥蜴"）是巨大的海生爬行动物，属于上龙类，因为它们具有巨大的头部、紧凑的身体，以及短短的脖子和尾巴。胃内容物化石表明它们的生活方式和现生鲨鱼十分相似，遇到什么就吞吃什么。光是头部就有 3 米长，锋利的尖齿大约有 25 厘米。吻部是长长的三角形。它们具有两对鳍状肢，后肢长于前肢。尾巴顶部可能有一个掌控方向的尾鳍。身体在游动时由紧密相连的腹肋保持硬直。

短尾巴

巨大的后鳍状肢

命名者 朗文，1924 年

栖息地 深海

体长：10米	体重：7吨	食物：海生爬行类、鱼类和软体动物

族群：双孔类	亚群：龟鳖类	生存时间：8000万～7400万年前

古巨龟（*Archelon*）

这种海洋动物的名字意为"统治者海龟"，它们有现生海龟的两倍长，具有宽而扁的外壳。外壳是长出腹壁的腹肋，由皮革或角质板覆盖下方或许肉眼可见的骨柱框架。

命名者 维兰德，1896 年
栖息地 海洋

尖尖的短尾巴

钩状无齿喙

长而窄的头部

扁平的壳

鳍状肢

体长：4.6米	体重：2.3吨	食物：水母、乌贼

双眼后面还有很长一段颅骨

长而尖的牙齿

紧凑的身体

用于转向的前鳍状肢

族群：蛇颈龙类	亚群：蛇颈龙类	生存时间：8400万～7200万年前

薄片龙（*Elasmosaurus*）

薄片龙（拉丁名意为"丝带蜥蜴"）是最长的蛇颈龙类成员，它们一半以上的体长都要归功于极长的脖子。其中有 72 块椎骨，而早期的蛇颈龙类只有 28 块椎骨。脖子的长度和结构意味着头部周围的捕猎范围极大。曾经有人认为它们会把脖子高高伸出水面寻找猎物。但薄片龙的重心不利于将头部抬到离水面太高的地方，除非身体有海床支撑，所以这个观点已经基本被推翻。它们的身体与其他蛇颈龙类相似，有四条长长的桨状鳍状肢，一个小小的脑袋，长有利齿的强壮颌部，以及短短的尖尾巴。

命名者 柯普，1868 年
栖息地 海洋

极长的脖子

小脑袋，口中长有锋利的小型牙齿

体长：14米	体重：3吨	食物：鱼类、乌贼和贝类

前鳍状肢
略长于后
鳍状肢

短而硬直
的身体

尖尖的
短尾巴

鳞齿鱼

薄片龙以鳞齿鱼（右图）等大型鱼类和白垩纪海洋中的众多其他海洋生物为食。鳞齿鱼的体长几乎和人类一样，它们本身就会贪婪地捕食更小的海洋生物，例如贝类。它们坚硬的牙齿可以咬碎贝壳。

骨质鳍条支
撑着鱼鳍

坚硬的、重
叠的鱼鳞

族群：有鳞类	亚群：沧龙类	生存时间：9300万～6600万年前

海王龙（*Tylosaurus*）

这种大型海生爬行动物是生存年代较晚的沧龙类成员，同样是可怕的掠食者。它们的上颚和长长的颌部都长有牙齿。头骨关节相当灵活，因此可以吞下大型猎物。吻部有坚硬的骨质尖端（拉丁名意为"球突蜥蜴"），因此一些古生物学家推测它们可能会撞击猎物。海王龙可能是通过左右摆动扁而高的尾巴游动，并通过巨大的翼状鳍肢改变方向。

命名者 马什，1872 年
栖息地 浅海

细长的鼻子

强大的颌部可以砸开龟壳和骨头

体长：14米	体重：7吨	食物：海龟、鱼类和其他沧龙类

族群：有鳞类	亚群：沧龙类	生存时间：8300万～6600万年前

沧龙（*Mosasaurus*）

这种得名于默兹河的海生爬行动物是第一种得到命名的巨型爬行类。它们是最庞大的沧龙类成员，具有细长的圆桶状身体，长而有力的尾巴和四条长长的鳍状肢四肢。头骨很结实，颌部长满了能够压碎和切割食物的后弯牙齿。化石上愈合的伤口表明沧龙的生活里充满暴力。它们很可能通常在水面游动。

命名者 科尼贝雷，1822 年
栖息地 海洋

长而扁平的尾巴会左右摆动

流线型身体

桨状四肢

排列成花环状的牙齿

体长：12.5～18米	体重：40吨	食物：乌贼、鱼类和贝类

长而灵活的身体

翼状鳍状肢

体内的骨骼有脂肪填充的空间

高而窄的尾巴，可以有效推动身体前进

指骨

灵活的头骨关节让它们可以吞下大型猎物

化石骨架

尾巴上高高的脊椎神经棘

前鳍状肢骨骼

族群：有鳞类	亚群：沧龙类	生存时间：7200万~6600万年前

浮龙（*Plotosaurus*）

浮龙（拉丁名意为"漂浮的蜥蜴"）是进步的沧龙，和鱼龙十分相似。它们具有细长的头骨，大眼睛和鼻腔，还有粗短的流线型身体。尾巴很长，末端因神经棘突起而变得大而扁平。它们会在游泳时像鱼一样左右摆动尾巴，而且可能是速度最快的沧龙类成员。

命名者 坎普，1951 年
栖息地 海洋

粗大僵硬的身体

长长的吻部长满锋利的尖牙

桨状四肢

体长：13米	体重：未知	食物：鱼类

族群：翼龙	亚群：翼手龙类	生存时间：1.25亿～1亿年前

南翼龙 (*Pterodaustro*)

这种大型翼手龙最显著的特征是长而弯曲的颌部。下颌长有数千颗极细的牙齿，可能用于滤过浮游生物。上牙可以配合下牙进行滤食。

命名者 波拿巴，1970 年

栖息地 海滨、湖泊

对翼龙而言很大的足部

1.2米的巨大翼展

翼膜由长长的第四指支撑

鬃毛状的下牙

体长：1.3米	体重：未知	食物：浮游生物

族群：翼龙类	亚群：无齿翼龙类	生存时间：8600万～8400万年前

无齿翼龙 (*Pteranodon*)

无齿翼龙是最大的翼手龙之一。它们可能会通过扇动翅膀离开地面，随后大多数时间在天空中翱翔，必要时才会主动振翅。头部长长的头饰可能用于吸引配偶。

命名者 马什，1876 年

栖息地 海洋、海岸

翼展7米

无牙的长颌部可能用于叼鱼

足部可能有蹼

体长：1.8米	体重：16千克	食物：鱼类

族群：翼龙类	亚群：神龙翼龙类	生存时间：6800万～6600万年前

风神翼龙 (*Quetzalcoatlus*)

风神翼龙的遗骸表明其翼展为 11 米，是迄今为止最庞大的飞行脊椎动物。它们的翅膀很窄，不太灵活。头部有一个小小的骨质头饰。

命名者 劳森，1975 年

栖息地 所有地区

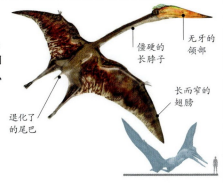

无牙的颌部

僵硬的长脖子

长而窄的翅膀

退化了的尾巴

体长：7.5米	体重：86千克	食物：淡水节肢动物、腐肉

族群：翼龙类	亚群：无齿翼龙类	生存时间：1.19亿～1亿年前

脊颌翼龙（Tropeognathus）

脊颌翼龙最显著的特征是长吻部末端独特的球状龙骨，所以它们的名字意为"龙骨颌部"。这块骨头可能有特殊的纹路，还可用于发送信号或吸引配偶。脊颌翼龙以鱼为食，尾巴和脖子都很短，这也是这个族群的典型特征。和其他翼龙一样，它们的翅膀是一张翼膜，在细长的第四指和踝部之间张开。身体表面可能有浓密的毛发。

命名者 沃尔赫费尔，1987 年
栖息地 海洋、海岸

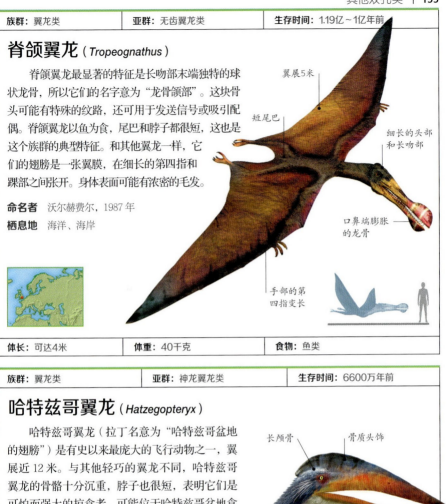

翼展5米

短尾巴

细长的头部和长吻部

口鼻端膨胀的龙骨

手部的第四指变长

体长：可达4米	体重：40千克	食物：鱼类

族群：翼龙类	亚群：神龙翼龙类	生存时间：6600万年前

哈特兹哥翼龙（Hatzegopteryx）

哈特兹哥翼龙（拉丁名意为"哈特兹哥盆地的翅膀"）是有史以来最庞大的飞行动物之一，翼展近 12 米。与其他轻巧的翼龙不同，哈特兹哥翼龙的骨骼十分沉重，脖子也很短，表明它们是可怕而强大的掠食者，可能位于哈特兹哥盆地食物链的顶端。这片盆地当时是一个孤立的岛屿，并没有大型陆地掠食者存在。

命名者 巴菲特等人，2002 年
栖息地 离岸岛屿

长颅骨

骨质头饰

强大的喙和颌部

翅膀可以在行走时折叠

体长：4米	体重：未知	食物：肉类

哺乳动物

和侏罗纪一样，白垩纪的哺乳动物体形较小，但占据了多种生态位。诞生于侏罗纪的多瘤齿兽遍布全球，数量极多。这多亏了它们独特而高效的咀嚼结构：类似啮齿类动物的门牙、一颗巨大的刀片状前臼齿，还有几颗用于研磨的矩形臼齿。三尖齿兽类也是早期就出现分支的哺乳动物，同样相当成功。其中部分成员甚至会捕食小型恐龙，例如像獾一般大小的爬兽。但如今的哺乳动物族系都通过独立趋同演化获得了同一个关键特征：复杂的臼齿，可以在一次咬合中同时完成挤压和剪切。一个具有此类特征的南半球族系里诞生了单孔类，延续至今的后裔包括鸭嘴兽和针鼹。北半球的另一个族系分裂成了真兽类（人类等有胎盘哺乳动物的远亲）和后兽类（有袋动物的远亲）。在中白垩世里，这两类动物都随着被子植物及其传粉者的兴起而演化出了众多成员。真兽类是生态系统中体形较小但特化程度更高的成员，与今天的普遍存在形成鲜明对比。而鼠齿兽类等后兽类动物在白垩纪里的分布远比如今广泛，它们和多瘤齿兽类都是劳亚大陆晚白垩世生态系统中占据优势的哺乳动物。

族群：哺乳类	亚群：真兽类	生存时间：8300万～7600万年前

重褶齿猬（*Zalambdalestes*）

重褶齿猬是类似鼩鼱的哺乳动物，尾巴很长，强壮的后肢长于前肢。腿部具有细长的足骨，手部很小，手指没有对掌功能。这些特征表明重褶齿猬可能不是树栖动物。它们的眼睛很大，吻部末端大幅度上翘。门牙长而锋利。研究者最近在它们的骨架中发现了耻骨上骨（仅见于非胎盘哺乳动物），可见它们是过渡形态的哺乳动物。

上翘的敏感长吻部

命名者 格雷戈里和辛普森，1926 年
栖息地 草原

体长：20厘米	体重：25克	食物：昆虫

| 族群：哺乳类 | 亚群：后兽类 | 生存时间：7200万～6600万年前 |

鼠齿兽（*Didelphodon*）

鼠齿兽是中生代最大的哺乳动物之一。结实的下颌和强壮的牙齿表明它们的咬合力在同等大小的动物里非常惊人。鼠齿兽或许能够咬碎骨头或贝壳，因此它们可能既是掠食者又是腐食者，以小型猎物、腐肉和软体动物为食。不过牙齿上的磨损痕迹表明它们也会食用昆虫和植物。

命名者 马什，1889 年
栖息地 沼泽、泛滥
平原和河岸

小脑壳

水獭一样细长的
身体，可能过着
半水生生活

结实的颌部，可
以咬碎食物

| 体长：1米 | 体重：约5千克 | 食物：小型猎物、腐肉和软体动物 |

毛茸茸的
轻巧身体

灵活的
长尾巴

新生代
哺乳动物的时代

白垩纪末期的大灭绝之后，地球迎来了新生代（包括古近纪、新近纪和第四纪）。恐龙、翼龙、部分鸟类、哺乳动物和大量海生动物都在大灭绝中消失。

在古近纪（古新世、始新世和渐新世）中，幸存的哺乳动物和鸟类迅速多样化，填补了恐龙留下的生态位。在新近纪（中新世和上新世）中，草原的扩张催生了现代食草哺乳动物。到第四纪（更新世和全新世）的时候，动植物基本演化成了现代形态，不过部分适应了冰河期反复出现的物种没能延续到现代。

古近纪

6600万~2300万年前

包括古新世、始新世和渐新世的古近纪是"哺乳动物时代"的开端。在白垩纪末期的大灭绝之后，消失的恐龙留下了许多生态位，而哺乳动物和鸟类种群迅速演化和扩张，填补了这些空白。全球气候都十分温暖，甚至炎热，降雨量很大。地球上出现了大片沼泽森林和热带雨林。始新世即将结束的时候，南极被大冰盖覆盖，导致海平面下降，气候也变得更加凉爽。温带地区的热带森林消失，以落叶和针叶树为主的林地取而代之。

古近纪的生命

尽管哺乳动物迅速进化，占据了许多生态位，但大型植食者只在古新世末期（约5300万年前）昙花一现。当时有一些大型肉食性哺乳动物，特别是中爪兽类，以及被称为骇鸟的大型猛禽。从白垩纪末期大灭绝中幸存下来的爬行动物群体都在温暖的沼泽里繁衍生息，包括鳄孔类和蜥蜴，小型两栖动物也是如此。

伊神蝠

伊神蝠（右图）等最古老的蝙蝠在始新世里诞生。它们填补了食虫翼龙留下的生态位，而且和翼龙一样具有膜状皮肤形成的翅膀。

翅膀由所有手指共同支撑

足部可能有用于游泳的蹼

走鲸

除了在陆地上多样化发展，哺乳动物还回到了海洋。走鲸（左图）等鲸类的远亲是从形似猪的哺乳动物演化而来的，这些原始动物几乎没有适应海洋生活的特征。

46亿年前	40亿年前	30亿年前

古近纪陆块

在古近纪初期，冈瓦纳超大陆继续分裂，南美洲仍是孤岛，大西洋变得更广阔。到始新世末期的时候（见左图），大部分大陆都几乎来到了如今的位置。印度开始与亚洲相撞。澳大利亚从南极洲向北移动，但尚未达到现在的位置。

尤因它兽

尤因它兽类等大型植食者只见于始新世。其中包括犀牛大小的尤因它兽（右图），这种动物非常古怪，头部有三对独特的圆形突起和獠牙犬齿。

20亿年前　　　　　10亿年前　　　　5亿年前　　2.5亿年前　　0

哺乳动物

白垩纪末期的大灭绝严重打击了哺乳动物，但它们迅速地恢复了。这可能是因为哺乳动物的食物广泛且体形很小。在还不到 100 万年的时间里，它们就演化出了超越整个中生代的庞大体形，而且占据了生态系统的主导地位。白垩纪里的平衡开始倾斜，世界大部分地区的真兽类都变得比后兽类和多瘤齿兽类更为常见。有胎盘哺乳动物的主要族群可能都是在白垩纪末期的灭绝之前诞生的，但在古新世和始新世早期辐射出大量成员。其中包括灵长类、食肉类和啮齿类等现代族群，还有大量亲缘关系不明确的族群。到始新世的时候，大多现生有胎盘群体都已经出现，并且辐射出了各种各样的生命形式，包括飞行的蝙蝠、完全水生的鲸、巨大的植食者和凶猛的肉食者。后兽类也在这段时间里演化出了很多新成员，有些只以水果为食，有些则成为大型超级食肉动物。温度在始新世早期达到顶峰，因此出现了广泛分布的森林，但始新世末期的气温变得更加寒冷，使动物群在渐新世里遭遇了一轮"洗牌"。气候在渐新世里越发干燥和寒冷，因此草原大面积扩张。许多有蹄类动物都成了奔跑高手，延续了 1.3 亿余年的多瘤齿类宣告灭绝。

族群: 非洲兽类	亚群: 长鼻类	生存时间: 3700万~3000万年前

渐新象 (*Phiomia*)

这种早期大象有两对象牙长在极长的上下颌中。下颌的象牙扁平，形成铲状，可能用于收集食物或刮掉树皮。上颌的象牙较短，可能是用于战斗或展示。它们的上唇可能变成了短短的象鼻。为了减轻大头骨的重量，骨骼里充满了气室。渐新象身体的其余部分与现代大象非常相似，具有柱状的腿和结实的身体。

命名者 安德鲁斯和比德内尔，1902 年
栖息地 平原和林地

短象鼻

下颌的"铲状象牙"

体长: 5米	体重: 3吨	食物: 植物

族群：有胎盘类	亚群：非洲兽类	生存时间：4100万～2700万年前

埃及重脚兽（*Arsinoitherium*）

　　埃及重脚兽是重脚类里最著名的成员，这类动物是形似犀牛的巨兽，和大象是近亲。它们最显著的特征是吻部有两根圆锥形大角，由中空的骨骼构成，可能覆盖有皮肤。成兽的角尖锐，而幼兽的角更圆润。

命名者 比德内尔，1902 年
栖息地 河流附近的森林

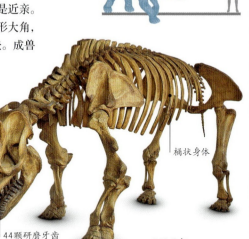

桶状身体

44颗研磨牙齿

五趾足部

体长：3.5米	体重：未知	食物：坚韧的叶子

脖子比较短

皮肤可能类似现生大象

齿脊少于现生大象

铲状象牙

颊齿

下颌

粗壮的柱状腿

| 族群：非洲兽类 | 亚群：长鼻类 | 生存时间：4100万～3400万年前 |

始祖象（*Moeritherium*）

耳朵在头部的高处

细长的肉质上唇

这种类似河马的动物得名于一片埃及湖泊的古希腊名"莫利斯"，那里也是化石的发现地。它们和大象一样属于长鼻类，具有长而低矮的身体，腿部较短。鼻孔位于头骨的前部，表明它们没有象鼻。牙齿很小，但两颗切齿形成了小象牙。它们可能有一部分时间生活在水里，和现生河马一样。

命名者 安德鲁斯，1901 年

栖息地 河流和沼泽

| 体长：3米 | 体重：约200千克 | 食物：水生植物 |

| 族群：灵长类 | 亚群：灵长类 | 生存时间：5000万～4600万年前 |

假熊猴（*Notharctus*）

这是最著名的早期灵长类之一。它们和现生狐猴非常相似，而且具有许多适应树栖生活的特征。眼睛面向前方，有双眼视觉，因此可以准确判断距离。腿和尾巴都长且强壮。假熊猴的拇指可以抓住树枝或食物。手指和脚趾都很长，也是抓握利器。头骨很短，长长的背部非常灵活。

眼睛位置相当靠前

短短的圆头骨

细长的身体

细小的脊椎组成了非常灵活的脊柱

臀部相当靠后

可以抓握的长手指和拇指

长腿

命名者 莱迪，1870 年

栖息地 森林

| 体长：40厘米 | 体重：约4.5千克 | 食物：叶子和果实 |

短尾巴

短腿

粗壮沉重而且
形似猪的身体

族群：劳亚兽类	亚群：蝙蝠类	生存时间：5250万年前

伊神蝠（*Icaronycteris*）

　　伊神蝠是最古老的蝙蝠，但是和现生蝙蝠惊人相似。头骨分析表明它可能具有原始的回声定位能力。它们的长尾巴不像现代蝙蝠那样通过皮膜和腿相连。嘴里大量牙齿的排列方式表明它们以昆虫为食。伊神蝠化石胃部发现的遗骸也证实了这一点。

命名者 吉普森，1966 年
栖息地 洞穴

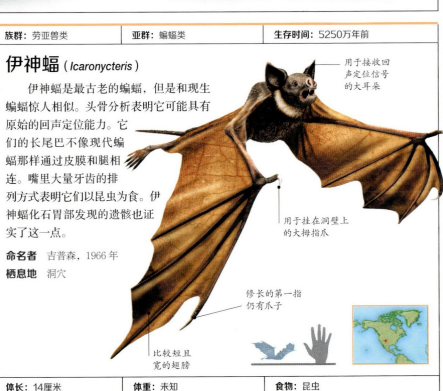

用于接收回
声定位信号
的大耳朵

用于挂在洞壁上
的大拇指爪

修长的第一指
仍有爪子

比较短且
宽的翅膀

体长：14厘米	体重：未知	食物：昆虫

族群：有胎盘类	亚群：劳亚兽类	生存时间：4700万~3700万年前

中爪兽（*Mesonyx*）

这种肉食性的中爪兽类名字意为"中间爪"，身体似狼，四肢灵活，足部有五根带小钝爪的脚趾。长长的头骨上有一道骨嵴，用于固定巨大的颌肌，因此咬合力很强。犬齿长而锋利，下臼齿形似薄刀刃。古生物学家曾认为中爪兽类是现生鲸类的亲戚。但新发现的化石和遗传学证据表明，鲸与河马的亲缘关系更为密切。

命名者 柯普，1871 年

栖息地 灌木丛，开阔的林地

宽大的嘴，咬合力很强

体长：1.8米	体重：20~55千克	食物：肉类、腐肉，可能还有植物

族群：劳亚兽类	亚群：南蹄类	生存时间：4000万~3700万年前

第斗兽（*Didolodus*）

古生物学家尚未确定第斗兽的分类。有些人认为它们是以草和块茎为生的早期有蹄类动物，也有人认为它们是原始的近足类动物（现已灭绝的有蹄哺乳动物）。第斗兽非常神秘。它们的牙齿与最古老的有蹄类哺乳动物十分相似，因此两者可能还有其他共同点。它们以高处的植物为食，长着长尾巴，细长的腿有五趾足部。

命名者 阿米希诺，1897 年

栖息地 森林

强壮的长尾巴

比较粗短的头部

长长的圆柱形身体

五趾足部

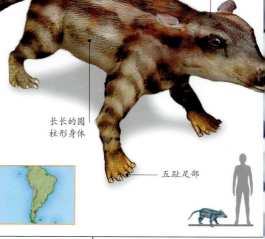

体长：60厘米	体重：15~20千克	食物：叶子

族群：有胎盘类	亚群：劳亚兽类	生存时间：5600万~3400万年前

尤因它兽（*Uintatherium*）

尤因它兽（拉丁名意为"尤因它的野兽"）是当时最大的陆生哺乳动物之一。它们和现代犀牛一样庞大，四肢粗壮，骨骼巨大。面部有三对大小不一的角。最大的角在后脑勺。角上可能覆盖着皮肤，可能还有毛发。雄性的角似乎要大于雌性，而且雄性可能会用角和象牙一样的犬齿战斗。柱子一样的腿支撑着桶状的身体。尤因它兽用脚趾走路，而脚趾很短，其他"手"骨和"足"骨也是如此。大象一样的足部专为负重和在干燥的地面行走而生。和现生有蹄类哺乳动物相比，尤因它兽的大脑相对颅骨而言非常小。

命名者 莱迪，1872 年

栖息地 森林

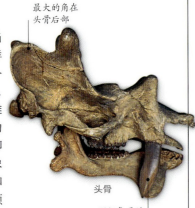

最大的角在头骨后部

头骨

形似象牙的犬齿，雄性的犬齿史大

巨大的桶形身体

粗糙厚实的皮肤

大钝角

形似象牙的犬齿

适合负重的柱状腿

体长：3.5米	体重：2吨	食物：树叶、果实和水生植物

族群: 劳亚兽类	亚群: 奇蹄类	生存时间: 5900万~4100万年前

原蹄兽 (*Phenacodus*)

原蹄兽是最早的有蹄类哺乳动物之一。它们的身体小而轻巧，足部有五根脚趾。中间的脚趾最大，和相邻的两根脚趾一起支撑着体重。它们可能有短而钝的蹄状爪。头部很小，大脑也相应较小。颌部有44颗牙齿。背部拱起，尾巴长而有力。原蹄兽可能是群居动物，食物可能是肉、昆虫或植物。

命名者 柯普，1873年
栖息地 森林

小而短的头部

短冠上白齿

长长的中趾支撑着体重

体长: 1.2米	体重: 约10千克	食物: 叶子，可能有块茎和昆虫

族群: 劳亚兽类	亚群: 奇蹄类	生存时间: 3300万~2300万年前

巨犀兽 (*Paraceratherium*)

这种犀牛远亲是有史以来最庞大的陆地哺乳动物。它们肩高5.25米，头部就有1米长。背部的空心椎骨让它们并不是非常沉重。强壮的腿又长又细，每只脚都有三根脚趾。尽管腿很长，但巨犀兽可能无法快速奔跑。它们似乎有灵活的上唇，因此可以像现生长颈鹿一样吃到树上的叶子。

命名者 福斯特－库珀，1911年
栖息地 开阔林地

可能长而灵活的上唇

强壮且肌肉发达的腿

体长: 9米	体重: 约15吨	食物: 树叶和嫩枝

拱背

臼齿

颌骨碎片

长而有力的尾巴，肌肉发达

大幅度退化的外脚趾

族群：劳亚兽类	亚群：奇蹄类	生存时间：4100万～2700万年前

渐新马（*Mesohippus*）

渐新马（拉丁名意为"中马"）似乎是为了应对更开阔的环境而演化出了某些特征，例如它们的腿比早期的曙马（拉丁名意为"黎明马"）更长，而且少了一根脚趾。在剩下的三根脚趾中，中间的脚趾承担了大部分体重。这些特征提高了它们的速度。牙齿变大，增加了咀嚼面积。下巴很浅，头部长且尖。双眼的间距较大，而且在头部很靠后的位置。

命名者 马什，1875 年

栖息地 开阔的草原

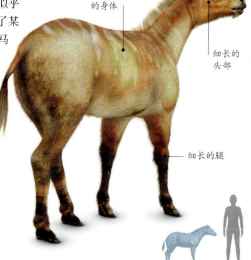

结实小巧的身体

细长的头部

细长的腿

体长：1.2米	体重：约90千克	食物：树叶

族群：鲸偶蹄类	亚群：鲸豚类	生存时间：4800万～4100万年前

走鲸（*Ambulocetus*）

走鲸（拉丁名意为"行走的鲸"）是最原始的鲸类之一。它们的牙齿、头骨和耳骨都具有鲸类所独有的特征。顾名思义，走鲸可能大部分时间都生活在陆地上，不过它们的动作可能相当笨拙。它们的足部和手部可能有蹼，强壮的后肢赋予了它们出色的游泳能力。研究者认为走鲸会像现生鳄鱼一样伏击水中的猎物。

命名者 特威森等人（Thewissen et al.），1994 年

栖息地 河口

宽而扁平的尾巴

强壮的后肢

体长：3米	体重：约295千克	食物：鱼类、哺乳动物

族群：鲸豚类	亚群：鲸目类	生存时间：4100万～3400万年前

龙王鲸（*Basilosaurus*）

尽管龙王鲸（拉丁名意为"蜥蜴之王"）是早期的鲸，但看起来它们仿佛是神话中的海怪，所以它们的骨骼起初被归为了远古海生爬行类。它们具有形似鲸的灵活身体，前肢类似船桨，小小的后肢可能会在交配中发挥作用。龙王鲸可能是通过身体的起伏来游泳。它们的鼻孔在吻部高处，但没有气孔。它们能够捕猎大型鱼类和其他海洋哺乳动物。

命名者 哈伦（Harlan），1834 年

栖息地 热带海洋

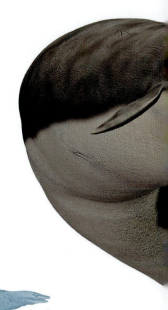

体长：20～25米	体重：约11吨	食物：大型鱼类、乌贼和海洋哺乳动

声音通过颌部传
递到耳朵，因此
听力不佳

手足可能
都带蹼

颌骨化石

颌部后部的
锯齿状牙齿

颌部前部的
锥形牙齿

较小的
头部

退化的
后肢

极长的
身体

鸟类

新鸟类战胜了白垩纪末期的大灭绝，但有齿的反鸟类和黄昏鸟类都宣告灭绝。其他远古的鸟类是否在大灭绝中幸存下来尚有争议，但即使如此，很快它们也都彻底消失了。各种现代鸟类的起源也还不确定，不过可以确定的是其主要分支在白垩纪末期的大灭绝之前就已经出现。在早古近世里，鸟类开始多样化并适应不同的生活方式，例如小型的树栖鸟类、更大的陆生鸟类，甚至早期的企鹅也已出现。在古新世里，地栖鸟类跻身于最大的陆生动物，其中包括植食性的冠恐鸟和掠食性的南美骇鸟。

始新世早期宜人的温暖气候和森林的广泛分布促进了鸟类在世界各地的迁徙和多样化。在始新世晚期，澳大利亚演化出了第一批鸣鸟，它们在渐新世里出现多样性大爆发且遍布世界。与此同时，渐新世的温度下降导致其他物种开始迭代，某些族群宣告灭绝，例如冠恐鸟。到渐新世末期，鸣鸟已经是成员最多的鸟类族系，如今它们在鸟类中的占比仍有 60% 之多。

族群：今颚类	亚群：鸡雁类	生存时间：5500万～5000万年前

冠恐鸟（Gastornis）

冠恐鸟是不会飞的大鸟，身体沉重，翅膀很小。它们的长腿强壮有力，脚上有爪。头部几乎和现生马一样大。研究者曾经以为冠恐鸟是掠食者，但最近的分析表明它们是植食性动物，因为它们的喙部非常适合吃坚硬的水果和种子。

命名者 埃贝尔，1855 年
栖息地 森林

钩状喙

头骨化石

覆盖羽毛的身体和短尾巴

大眼睛

不能飞行的小翅膀

粗长的腿

三爪脚趾

体长：1.75米	体重：未知	食物：坚硬的水果和种子

族群：新颌类	亚群：鸡雁类	生存时间：6100万～3300万年前

普瑞斯比鸟（*Presbyornis*）

　　这种原始的鸭子体形纤细，导致古生物学家起初以为它们是某种火烈鸟。与现生鸭子不同，普瑞斯比鸟的腿很长，可能是涉禽，但不会游泳。脖子和腿的相对长度也符合在水底觅食的涉禽的特征。虽然腿在身体上的位置相对靠后，但它们不太可能是潜水鸟。足部很大且有蹼。这种鸟生性喜群居，可能会成百上千地聚集在湖岸觅食。最近的颌部结构分析表明，它们无法像现生鸭子一样滤食，因此是杂食者，类似于鹊鹅。数百具普瑞斯比鸟化石表明它们有从 0.5 米到 1.5 米高度不等的几个物种。

命名者 韦特莫尔，1926 年
栖息地 湖岸

眼眶边缘的盐腺

喙部顶部的脊突

长脖子

轻盈的身体

长而纤细的翅膀

双腿十分靠后

细长的腿

有蹼的大脚

体长：0.5～1.5米	体重：未知	食物：浮游生物、水生植物

新近纪

2300万～260万年前

新近纪（中新世和上新世）见证了哺乳动物的持续演化。形成于渐新世的南极冰盖继续扩大。到中新世中期的时候，它已经覆盖了整个南极洲，使全球气温进一步下降。这样的温带气候使非洲、亚洲、欧洲和美洲出现了幅员辽阔的大草原。进入上新世之后，气候继续转寒，北极也形成了大冰盖。剩下的大部分森林都在上新世末期消失，但草原还在继续扩张。

新近纪的生命

中新世和上新世的动物已经非常接近现代生物。草原上到处是成群的马、骆驼、大象和羚羊。大型食肉动物在平原上捕猎，灵长类动物里出现了最早的人族。海洋出现了现代鱼类，鲸的原始形态已经让位于更为人熟悉的大型物种。

退化的翅膀，只有展示作用

锋利的钩状喙

可怕的鸟

大型肉食性鸟类仍然是世界上最大和最可怕的掠食者之一。南美洲的恐鸟泰坦鸟（左图）在开阔的草原上捕猎。巴拿马地峡在上新世形成之后，它们就进入了北美洲。

46亿年前	40亿年前	30亿年前

新近纪的陆块

到新近纪的时候，大陆几乎都来到了如今的位置，包括大多数主要山脉。在整个三叠纪—古近纪时期里，非洲和欧洲都在相撞，形成了阿尔卑斯山。印度与亚洲的碰撞在大约4000万年前造就了喜马拉雅山。北美洲的落基山脉形成于白垩纪—古新世时期，南美洲的安第斯山脉形成于三叠纪，并且在整个白垩纪里都在升高。到上新世的时候，连接南北美洲的陆桥形成。澳大利亚继续向北漂移。

大犬齿

大猫

许多食肉动物都演化出了巨大的犬齿。袋剑虎（上图）是生活在中新世和上新世南美洲的似猫有袋动物。

早期的大象

中新世开始的时候，早期的大象已经诞生，马一样大小的渐新象（左图）正在消亡，被更大的同类所取代，例如有铲状象牙的铲齿象。这些象群里会演化出更新世的猛犸象和现代大象。

20亿年前　　　　　　10亿年前　　　5亿年前　2.5亿年前　0

哺乳动物

中新世的哺乳动物既包括古近纪的远古族系，也包括许多现代族系的早期成员。有蹄类哺乳动物是欧亚大陆的常客，而犀牛、马和爪兽等奇蹄类动物成员繁多，远超如今。偶蹄类动物的代表是岳齿兽类、骆驼和杂食的巨猪类。熊、犬和猫等早期食肉动物开始多样化，但刃齿的猎猫类和肉齿类等顶级掠食者仍保留着古老形态。以现生大象为代表的长鼻类动物种类繁多，在中新世走出非洲之后更是发生了演化大爆发。鲸类的多样性达到了顶峰，类人猿开始在非洲演化。

南美洲巨大的装甲雕齿兽等异关节类动物和独特的南蹄类一起繁衍生息。后者是奇蹄类的远亲。灵长类和啮齿类在始新世里设法穿越大西洋来到了南美洲，此时也都演化出了独特的形态。

上新世见证了远古族群不断被现代族群所取代。在上新世即将结束的时候，北美洲和南美洲重新连接起来，催生了美洲生物大交换。独特的动物群相互融合，形成了物种大扩散，重塑了生态系统，也有很多物种就此灭绝。人类的祖先就在此时走出了非洲。

族群：哺乳动物	亚群：后兽类	生存时间：530万~260万年前

袋剑虎（*Thylacosmilus*）

袋剑虎是大型有袋类食肉动物。和刃齿虎一样，它们的上颌也具有可以戳刺的长犬齿。但袋剑虎的犬齿终生生长，下颌没有切齿。口腔闭合的时候，下颌的骨性结构会保护犬齿。颈部和肩部肌肉十分强壮，以便后拉牙齿，将猎物的尸体开膛。袋剑虎的解剖结构表明它们不是主动掠食者，很可能是专门吃内脏的腐食者。

命名者 里格斯，1933 年

栖息地 平原

高高的大颅骨

可以戳刺的犬齿

体长：1.2米	体重：约115千克	食物：行动缓慢的有蹄哺乳动物

族群：哺乳动物	亚群：后兽类	生存时间：1800万～1600万年前

卡拉袋鼬（*Cladosictis*）

这种有袋类食肉动物在地球上的生存时间转瞬即逝。一些古生物学家认为它们的生活方式类似水獭，会在河流中捕猎。但它们可能也会以陆生动物的蛋和幼崽为食。卡拉袋鼬具有修长轻盈的身体，四肢很短，头骨似狗，尾巴细长。牙齿与肉食性有胎盘哺乳动物相似：前面有锋利的切齿，后方有尖利的犬齿和剪切臼齿。

命名者 阿米西诺，1887 年
栖息地 林地

修长的身体和粗脖子

像狗一样的鼻子

体长：80厘米	体重：3.5～8千克	食物：小动物，可能有鱼类和蛋

有力的肩膀

头骨化石

下颌保护上犬齿的骨性结构

长而有力的后腿

足部有五根带爪脚趾

| 族群：非洲兽类 | 亚群：长鼻类 | 生存时间：1800万～400万年前 |

嵌齿象（*Gomphotherium*）

嵌齿象的上颌有一对象牙，用于战斗和展示，长长的下颌形成了挖掘食物的"铲子"。它们具有一条和下颌象牙一样长的象鼻，用于协助进食。较晚期的成员牙齿更少，而研磨嵴突更明显。

命名者 博迈斯特，1837年

栖息地 草原、沼泽和森林

厚厚的皮肤

弯曲的象牙

用于高效研磨的嵴突表面

颊齿

| 体长：5米 | 体重：4～7吨 | 食物：植物 |

| 族群：非洲兽类 | 亚群：长鼻类 | 生存时间：1600万～1100万年前 |

铲齿象（*Platybelodon*）

铲齿象的铲状下颌象牙在同类里达到了非常极端的比例。扁平的下颌象牙非常宽大，在靠近顶部的地方有一个凹陷，以便在口腔闭合的时候容纳上颌象牙。颊齿扁平，下颌前部有更锋利的牙齿。象鼻很粗。铲齿象似乎会用铲状象牙铲起水草和其他柔软的植物。它们的尾巴较长。它们的食物范围非常狭窄，环境变化造成了致命的打击，因此铲齿象很快就宣告灭绝了。

命名者 波里夏克，1928年

栖息地 潮湿的草原

耳朵比更原始的大象还要大

巨大的头部

| 体长：6米 | 体重：4～5吨 | 食物：柔软的水生植物 |

族群：劳亚兽类	亚群：食肉类	生存时间：2000万~260万年前

半犬（*Amphicyon*）

半犬（拉丁名意为"模糊犬"）是典型的犬熊类成员。作为强大的掠食者，它们具有肌肉发达的肩膀、强壮的身体和有力的四肢，生活方式可能类似于现生熊类。

命名者 拉尔泰，1836 年
栖息地 平原

有力的肩膀

像狼一样的牙齿

强壮沉重的脚上武装着利爪

体长：2.5米	体重：约600千克	食物：主要是哺乳动物，也有一些植物

族群：肉食类	亚群：犬科动物	生存时间：3200万~2500万年前

新鲁狼（*Cynodesmus*）

新鲁狼是早期犬科动物，和郊狼一般大小，吻部短而身体长。腿部与现生犬类相似，但不擅长奔跑。脚趾上有爪子，可以部分回缩。

命名者 斯科特，1893 年
栖息地 平原

长而轻盈的身体

长尾巴

短头部和短吻部

体长：1米	体重：约70千克	食物：小型哺乳动物、腐肉

族群：劳亚兽类	亚群：食肉类	生存时间：3700万～2000万年前

伪剑齿虎（*Hoplophoneus*）

又长又重的尾巴

较短但强壮的四肢

伪剑齿虎是"假刃齿虎"家族的一员，最早出现在欧洲，后来逐渐扩散到北美洲。它们是强壮的大型掠食性猫科动物，具有长而低矮的身体，而四肢较短。头部和吻部很短。眼睛朝前，可能具有双目视觉，能够准确地判断距离，这对猎手来说有重要意义。上犬齿很长，是可以戳刺的粗壮"刃"齿，和真正的刃齿虎并无差别。这些牙齿粗而弯曲，牙尖远低于下颌。颌部能够张开到90度，以便用上犬齿戳刺猎物，而下犬齿非常小。

命名者 柯普，1874 年

栖息地 平原

体长：2.5米	体重：约160千克	食物：哺乳动物

族群：劳亚兽类	亚群：奇蹄类	生存时间：2000万～500万年前

远角犀（*Teleoceras*）

远角犀是犀牛的一员。它们的身体很长，四肢极短，还有一根圆锥形小鼻角。目前认为远角犀是陆生食草动物，和现生犀牛十分相似。美国内布拉斯加州的火山灰化石床发现了大量远角犀遗骸。它们都因吸入火山灰而死亡。

命名者 哈彻，1894 年

栖息地 草原

低矮的桶形身体，容纳着巨大的腹腔

短脖子

长颊齿

非常短但很结实的四肢

体长：4米	体重：3吨	食物：灌木、草

短头部

朝前的眼睛

长而弯曲的剑齿

可伸缩的爪子

族群：劳亚兽类	亚群：奇蹄类	生存时间：1600万~500万年前

草原古马（*Merychippus*）

　　草原古马（拉丁名意为"反刍马"）是第一种完全以草为食的马，还率先演化出了与现生马相似的头部。吻部比早期的马更长，颌部更深，眼睛分得更开。它们大部分时间都在吃草，所以脖子也比早期的马更长。每只脚中间的脚趾都发育成了蹄子，底部无垫。部分成员外面的两根脚趾只在奔跑时接触地面，而其他成员的这两根脚趾更大。

命名者 莱迪，1856 年

栖息地 草原

身体和现生马十分相似

长吻部，长有高冠齿

体重由中央的脚趾支撑

体长：2米	体重：约200千克	食物：草

| 族群：劳亚兽类 | 亚群：奇蹄类 | 生存时间：1300万～250万年前 |

三趾马（*Hipparion*）

中新世里生活着多种食草的原始三趾马，三趾马（拉丁名意为"更好的马"）正是其中之一。它们身体轻盈，与现生小马非常相似。颌部长且四肢纤细。体重全部由增大的中央脚趾负担，这根脚趾明显演化成了蹄子。两根外脚趾大幅度退化，不会接触地面。足部的肌腱增加了步态的弹性，有利于提高速度。牙齿很大且牙冠很高，有利于吃草。三趾马是非常成功的早期马，在数百万年间成群结队地散布到了世界各地。

命名者 德·克里斯托尔，1832 年
栖息地 平原

上颌骨

巨大的前臼齿

有许多尖头的高冠臼齿

大眼睛，在头骨上的位置相当靠后

雄性的骨骼凹陷（眶前窝）较大

长而方的吻部，带有大鼻孔

中等长度的尾巴

非常纤细轻盈的四肢

长长的足骨

形成蹄子的中央大脚趾

后足骨

| 体长：1.5米 | 体重：约115千克 | 食物：草 |

族群：鲸豚类	亚群：鲸类	生存时间：2300万~1500万年前

剑吻古豚 (*Eurhinodelphis*)

剑吻古豚（拉丁名意为"真鼻海豚"）是中新世最常见的海豚之一。它们最显著的特征是长长的吻部，可能会用于攻击猎物。与早期齿鲸相比，它们的耳部结构更加复杂，可见已经演化出了某种回声定位系统。头骨略微不对称，和现生齿鲸一样，它们的头顶也有一个气孔。

命名者 杜布斯，1867 年

栖息地 海洋

不对称的头骨

细长的吻部

水翼形鳍状肢

有力的双叶尾鳍

体长：3.7米	体重：未知	食物：鱼类

族群：鲸豚类	亚群：鲸类	生存时间：1400万~700万年前

新须鲸 (*Cetotherium*)

新须鲸类似于现生须鲸，但体形更小，是早期的须鲸，牙齿被鲸须板所取代。鲸须内侧边缘有粗毛发，用于过滤磷虾、浮游生物和小鱼。鲸须板可能很短。它们还没有回声定位能力。它们的头部对称，可能有两个气孔。

命名者 布兰特，1843 年

栖息地 海洋

流线型的修长身体类似于现代须鲸

短鲸须板

细长宽大的头部

体长：4米	体重：2吨	食物：浮游生物

鸟类

鸟类小而轻盈的骨架意味着它们留下化石的机会要远少于其他动物。不过仍有几个化石点产出了保存完美的鸟类化石，表明新近纪时期就已经有多种鸟类出现，包括种类繁多的海鸟。其中很多都延续至今，例如企鹅、鸬鹚和鲣鸟。但也有鸟类没有留下后代，例如巨大的骨齿鸟（见186页），它们有可怕的喙部，其中长有齿状骨突。在整个新近纪里，许多鸟类都变得更大，最有可能的原因是气候转寒。这种趋势催生了有史以来最大的鸟类，例如阿根廷巨鹰（见186页）。许多不飞鸟也变得更大，其中不仅包括鸵鸟、鹬鸵和恐鸟等平胸鸟，还有陆栖鹦鹉和企鹅。

到中新世的时候，陆生鸟类生态系统的结构就已经和今天十分相似。鸭子、猫头鹰、鹰、鸡雁和鹦鹉都已经诞生并演化出了多种成员，还有令人眼花缭乱的鸣鸟。到上新世末期，所有现代鸟类都已经出现，包括延续至今的几个属。一些鸟类没有化石记录，但现代DNA技术表明它们一定是在当时完成了演化。骇鸟仍是南美洲的顶级掠食者，而且在草原上大获成功，后者乘着中新世和上新世凉爽干旱气候的"东风"大面积扩张。但它们在美洲生物大交换之后迅速灭绝，最有可能的原因是哺乳动物掠食者进入了南美洲。

族群：新鸟类	亚群：骇鸟类	生存时间：1800万～1600万年前

恐鹤（*Phorusrhacos*）

恐鹤是当时南美洲的主要陆地掠食者之一。它们腿部非常强壮，能够高速奔跑，具有不会飞行的粗短翅膀、长脖子和从比例上看非常巨大的头部。头部长有巨大的钩状喙，可以轻易地撕裂或刺穿猎物。它们的下颌小于上颌。每只脚上都有三根脚趾，全部武装了锋利的爪子。

命名者 阿米西诺，1887年
栖息地 平原

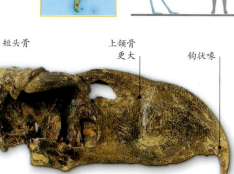

短头骨　　　　上颌骨更大　　　钩状喙

体长：1.5米	体重：80千克	食物：小型哺乳动物、腐肉

族群： 新鸟类	亚群： 骇鸟类	生存时间： 500万～180万年前

泰坦鸟（ *Titanis* ）

泰坦鸟（拉丁名意为"恐怖的鹤"）名副其实。这种巨大的不飞鸟是当时北美洲最有效率的掠食者之一。头部和现生马的头一样大，还有一个巨大弯曲的喙部。虽然它们没有牙齿，但喙末端的尖钩可以高效撕裂猎物。翅膀高度退化，无法狩猎或飞行。泰坦鸟有长长的脖子，雄性的头顶上可能具有装饰性头饰。腿部长而敏捷，足部三趾长着长长的利爪。它们可以在狩猎时高速奔跑。

命名者 布罗德科尔，1963 年
栖息地 草原

鼻孔位于喙部顶端

无法飞行的短翅膀

喙部末端的尖钩

肌肉发达的强壮腿部

三根长爪脚趾

体长： 2.5米	体重： 150千克	食物： 哺乳动物

族群: 鸡雁类	亚群: 骨齿鸟类	生存时间: 1600万~500万年前

骨齿鸟（*Osteodontornis*）

骨齿鸟是具有骨齿的海鸟，也是有史以来最大的飞行鸟类之一。身体大且沉重，翅膀长而狭窄，专为长距离滑翔而生。颈部有自然的 S 形曲线，可见头部在飞行中位于肩膀上方。喙部粗圆，每块颌骨边缘都有齿状骨突。

命名者 霍华德，1957 年
栖息地 海滨

体长: 1.2米	体重: 未知	食物: 鱼类

族群: 新鸟类	亚群: 畸鸟类	生存时间: 900万~680万年前

头部可能没有羽毛，而颈部有一圈羽毛

阿根廷巨鹰（*Argentavis*）

这种大型猛禽的化石目前仅有几块骨头，但它们表明阿根廷巨鹰的翼展超过 7 米，是漂泊信天翁的两倍，而后者是如今最大的鸟类。它们的外形可能和现生秃鹫十分相似，而且可能是腐食性动物。它们的喙部巨大，末端呈钩状，可以抓住猎物，弥补了爪子不擅长抓握的缺点。在巨大的翅膀和热气流的帮助下，阿根廷巨鹰可以毫不费力地翱翔。

钩状的深喙

大眼睛

命名者 坎贝尔和托尼，1980 年
栖息地 内陆和山区

体长: 1.5米	体重: 80千克	食物: 腐肉，大型食草哺乳动物

形似鹈鹕
的头部

末端带有
小钩的圆
润喙部

可达6米的
巨大翼展

翼羽长达
1.5米

和身体相比,
翅膀显得很长

巨大的足部
有三根朝前
的带爪脚趾

第四纪

260 万年前至今

第四纪包括更新世和全新世。

更新世是大冰河时代，北半球的大部分地区都覆盖着巨大的冰盖。全球的高山地区也都形成了冰川，包括安第斯山脉和喜马拉雅山脉。在接下来的 150 万年里，地球经历了至少 4 次冰河时代。间冰期的气候更温暖。最近一次冰河时代大约在 1 万年前的全新世之初结束，同时见证了哺乳动物的大灭绝。

第四纪的生命

更新世寒冷的气候迫使动物向赤道地区迁徙（例如蜥蜴）或演化出长毛（例如猛犸象和披毛犀）。真正的现代人类（智人）和其他不太成功的人类物种（例如尼安德特人）也在更新世里诞生。

大犬齿

犬科食肉动物

更新世里有很多犬科动物。恐狼（左图）和现生狼十分相似，但身体更沉重。它们延续到了全新世。化石表明恐狼和刃齿虎经常为领土和食物而发生争斗。

强大的后肢

| 46亿年前 | 40亿年前 | 30亿年前 |

第四纪陆块

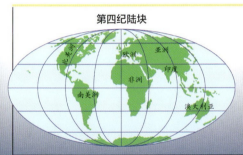

北美洲　欧洲　亚洲　印度　非洲　南美洲　澳大利亚

在更新世里，巨大的冰盖覆盖了北美洲、欧洲和亚洲北部的大部分地区。北美洲和东亚以及澳大利亚和新几内亚之间都有陆桥连接。在全新世之初，冰盖融化导致的海平面上升使陆桥淹没在水下。非洲和澳大利亚继续向北移动到如今的位置（见左图）。

滑距骨类动物

南美洲的更新世草原上生活着大批古怪的有蹄类动物，即滑距骨类。这类动物都是食草者，适应了开阔平原的生活，例如骆驼般大小的后弓兽（右图）。

巨大的有袋动物

随着持续向北漂移，澳大利亚大陆的气候也变得越来越干燥，群居的巨型食草有袋动物变得越来越稀少，例如双门齿兽（左图）。它们存活到了全新世，但可能最终被人类猎杀至灭绝。

| 20亿年前 | 10亿年前 | 5亿年前 | 2.5亿年前 | 0 |

哺乳动物

到第四纪的时候，哺乳动物已经基本演化出了如今的生态系统。食肉类动物成为顶级掠食者，第一批大型猫科动物诞生，包括刃齿虎（见第194页）。奇蹄类的多样性下降，可能是因为在竞争中不敌反刍的偶蹄动物，例如鹿、牛科动物和长颈鹿，它们的消化系统效率更高。许多有蹄类动物，例如马、骆驼和犀牛都遍布北半球。部分长鼻目类成员已经灭绝，但大象在整个欧亚大陆和北美洲依然非常繁盛。

更新世的冰河时代对哺乳动物产生了深远的影响。冰盖和冰川的扩张迫使它们继续向南迁移，也使大片土地变得不适宜生存。许多哺乳动物都变得更大，并出现了厚厚的皮毛，以抵御严寒。

人类继续在亚洲和欧洲扩散，而且多个种群同时存在。他们会使用工具，因此对哺乳动物族群有着重大影响，体形庞大的哺乳动物都大幅度减少。

在更新世末期，许多大型哺乳动物宣告灭绝。许多族系彻底消失，而有的族系分布范围缩减到如今的状态。很明显，气候变化和人类狩猎都与灭绝有关，因为许多物种都恰好在人类到来的时候灭绝了。

族群: 食肉类	亚群: 犬科动物	生存时间: 12.5万~9500年前

恐狼（*Aenocyon dirus*）

这是已经灭绝的犬科动物，名字意为"可怕的狼"。它们和现代的狼十分相似，但更大更重。和现代犬科动物相比，恐狼的头部更宽，颌部更强壮，牙齿更长。四肢长而有力，脚趾上有无法回缩的钝爪。它们可能会既会食腐又会主动狩猎。

命名者 莱迪亚，1858 年
栖息地 草原和林地

竖立起来的大耳朵

厚实坚硬的皮毛

强大的髋部

带钝爪的五趾足部

体长: 2米	体重: 53千克	食物: 哺乳动物、腐肉，可能还有水果

族群：非洲兽类	亚群：长鼻类	生存时间：150万~1万年前

哥伦比亚猛犸象（*Mammuthus columbi*）

　　哥伦比亚猛犸象是猛犸象中最庞大的成员，可能也是最后一个冰河时代里最庞大的陆生动物。和长毛猛犸象不同，它们适应了更温暖的气候，因此皮毛不是太厚。除了巨大的身体之外，它们最显著的特征当属象牙。它们的象牙均匀地卷曲，长度可达 4.8 米，重量可达 84 千克。

命名者　法尔科内尔，1857 年
栖息地　平原

头后有肥厚的隆起

从肩膀向髋部往下倾斜的背部

覆盖全身的短毛发

粗长的象牙

粗大灵活的象鼻

粗壮的象腿

体长：4.5 米	体重：8~10吨	食物：草、树叶和开花植物

| 族群: 非洲兽类 | 亚群: 长鼻类 | 生存时间: 70万~4000年前 |

真猛犸象 (*Mammuthus primigenius*)

真猛犸象也称长毛猛犸象，是猛犸象里的小个子。它们适应了北方苔原的寒冷气候，身体上有绒毛，还有一层厚厚的深色长毛。长毛的颜色可能存在个体差异，有的是浅棕色，有的是棕色，还有黑色。皮下厚厚的脂肪层有助于保暖，头部后面还有一个脂肪隆起储存能量。它们的耳朵也比现代大象的耳朵更小，有助于减少热量流失。长而弯曲的象牙可能用于在觅食的时候刮掉地面的冰层，也会用于防御和争夺统治地位。猛犸象灭绝的时间很晚，因此古生物学家非常熟悉它们的解剖结构和外观。西伯利亚和阿拉斯加的永久冻土层里发现了几具保存完好的冰冻猛犸象标本，早期人类的洞穴壁画也清晰地描绘了猛犸象的形象。

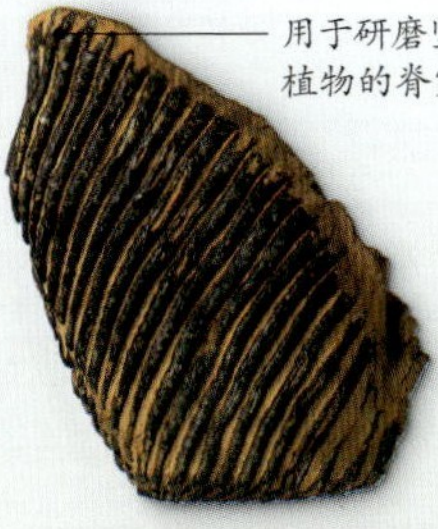

命名者 布卢门巴赫，1799 年

栖息地 冰冻苔原

用于研磨坚韧植物的脊突

上颊齿

弯曲的长象牙

小而圆的耳朵

短尾巴

一头年轻猛犸象的冰冻遗骸

| 体长: 3.5米 | 体重: 6吨 | 食物: 低矮的苔原植被 |

高大的圆
顶头骨

脂肪隆起可
储存能量

死后的化学
反应使毛发
变成红色

毛发的长度
可达90厘米

保留下来的毛发

族群：食肉类	亚群：猫科动物	生存时间：250万～1万年前

刃齿虎（*Smilodon*）

　　刃齿虎锋利的犬齿很大，后边缘呈锯齿状，以增加切割能力。犬齿的横截面为椭圆形，可见十分结实，而且最大程度减少了啃咬时的阻力。长牙齿意味着刃齿虎的下颌要张开到120度以上才能把牙齿插进猎物的身体。但接触到骨头可能很容易让这对牙齿折断。所以刃齿虎可能会在捕猎时选择咬紧猎物的脖子。它们的手臂和肩膀非常强壮，以便头部能够大幅度向下运动。刃齿虎可能会群体捕猎，以便拿下体形大、动作慢、皮肤厚实的动物。

命名者 隆德，1842 年

栖息地 草原

头骨化石

　　刃齿虎非常有名。拉布雷亚沥青坑产出了2000多具化石，当地位于加利福尼亚州的洛杉矶，是著名的史前掠食者陷阱。

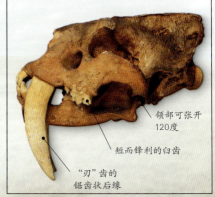

颌部可张开120度

短而锋利的白齿

"刃"齿的锯齿状后缘

体长：1.5～2.5米	体重：约320千克	食物：大型哺乳动物

短而圆的头骨

大肩胛骨为强壮的肌肉提供了附着点

向前的眼睛

低垂的髋部

极长的犬齿

前肢比后肢更有力

短尾巴

后足上有四根脚趾，都带有可以伸缩的利爪

族群：食肉类	亚群：猫科动物	生存时间：500万~100万年前

恐猫（*Dinofelis*）

恐猫（拉丁名意为"可怕的猫"）是豹子大小的猫。具有扁平的犬齿，长度介于剑齿猫和狮子等啃咬猫科动物的牙齿之间。它们有强壮的长腿，可能是敏捷的攀缘者，还有可以伸缩的利爪。尾巴长且灵活，有助于保持平衡。头骨很短，眼睛朝前，位于可以产生双目视觉的位置，这是在狩猎或跳跃时准确判断距离的关键。它们的毛发很可能具有类似于现代生活在森林栖息地的猫科动物的伪装图案。

命名者 日詹斯基，1924 年
栖息地 茂密的森林

用于伪装的斑纹图案

扁平的头部，具有前向的眼睛

长长的犬齿

可伸缩着的爪子保持着锋利

体长：2.1米	体重：约160千克	食物：哺乳动物

族群：食肉类	亚群：猫科动物	生存时间：100万年前至今

豹（*Panthera*）

世界上曾有过几种类似狮子的豹，但都已灭绝。穴狮是有史以来最大的猫科动物。它们是洞穴壁画里的常客。美洲拟狮生活在北美洲。这两种掠食者都会用犬齿咬住猎物的脖子，还可以将利爪缩回肉垫里。

命名者 奥肯，1816 年
栖息地 草原

锋利的切割边缘

强壮的颌骨

下颌

体长：3.5米	体重：约235千克	食物：肉类

族群：劳亚兽类	亚群：南蹄类	生存时间：900万～1万年前

后弓兽（*Macrauchenia*）

这种古怪的动物（拉丁名意为"大美洲驼"）具有许多类似骆驼的特征，例如体形、狭小的脑袋和长脖子。但它们的三趾足部更接近犀牛。研究者曾经认为它们具有类似貘的长鼻子，但现在认为它们的鼻子类似于现生驼鹿。它们的四肢又长又细，脚踝的灵活性和力量都表明它们比较敏捷。高冠颊齿表明后弓兽以树叶和草为食。

命名者 欧文，1838 年
栖息地 林地

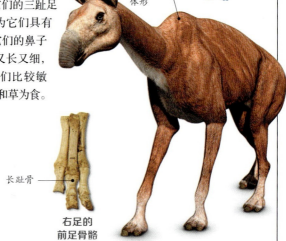

骆驼般的体形

长趾骨

右足的
前足骨骼

体长：3米	体重：约700千克	食物：植物

族群：劳亚兽类	亚群：奇蹄类	生存时间：370万～1万年前

披毛犀（*Coelodonta*）

披毛犀（拉丁名意为"空心牙齿"）可以抵御寒冷的环境。它们的皮毛厚且蓬松，身体庞大，腿短，耳朵很小。吻部上方有一对巨大的角，年长雄性的前角可以超过1米长。

命名者 布龙，1831 年
栖息地 苔原

蓬松厚实的棕灰色皮毛

有利于减少热量流失的小耳朵

角质长角

体长：3.5米	体重：3～4吨	食物：植物

鸟类

在新近纪向第四纪过渡的时期里，不稳定的气候对鸟类产生了深远的影响。几个族系在更新世冰川的影响下灭绝，包括许多在新近纪里十分繁盛的大型鸟类。泰坦鸟（见第185页）是延续时间最长的骇鸟类，在美洲生物大交换期间向北迁徙到了得克萨斯州。但它们在更新世早期灭绝，结束了大型不飞猛禽的时代。一些大型鸟类在孤岛上幸存下来，包括新西兰和马达加斯加，因为当地没有它们的天敌。不过人类在遍布全球之后也开始踏足这些岛屿，于是发现了这类大鸟很容易捕捉。

大量巨鸟被猎杀殆尽，包括著名的渡渡鸟、象鸟、泰坦巨象鸟（见第199页）和恐鸟（见下文）。人类的到来通常也意味着掠食者入侵，如猫、狗、蛇，因此岛屿上的鸟类以惊人的速度不断减少。人类在全球对各种大小的鸟类都产生了压倒式的影响，再加上冰川作用，鸟类的栖息地支离破碎。但研究表明保护工作有助于延缓鸟类的灭绝。

族群：新鸟类	亚群：古颚类	生存时间：4万~600年前

恐鸟（*Dinornis*）

这是有史以来最高的不飞鸟，也是在新西兰幸存到现代的十几种恐鸟类成员之一。它们行动缓慢，身体笨重，腿又长又粗，还有长长的脖子。化石表明恐鸟具有近灰色的蓬松羽毛。喙部短而锋利，用于剪切植物。胃里有帮助消化植物的胃石。大约1万年前，在人类抵达新西兰后，恐鸟的数量就迅速减少，最终在约600年前灭绝。

命名者 欧文，1843年
栖息地 河流地区、丛林

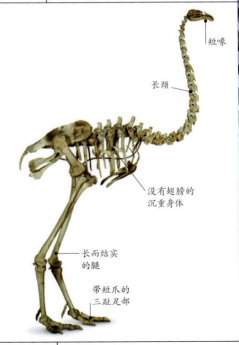

短喙
长颈
没有翅膀的沉重身体
长而结实的腿
带短爪的三趾足部

体长：3.5米	体重：400千克	食物：嫩枝、种子和水果

| 族群：新鸟类 | 亚群：古颚类 | 生存时间：1万～1000年前 |

泰坦巨象鸟（*Vorombe titan*）

　　泰坦巨象鸟俗称"马达加斯加的象鸟"。它们是有史以来最重的鸟类，没有翅膀，但有粗长的腿，足部有三根大幅度分开的巨大脚趾。大腿极粗，表明它们一般是缓慢移动，可能无法高速奔跑。小脑袋上长着没有牙齿的喙，它们只能依靠体形和力量来抵御掠食者。在靠近河流的沼泽地区曾发现了几枚保存在淤泥里的鸟蛋化石。

命名者 安德鲁斯，1894 年
栖息地 森林

小脑袋

无牙的喙

长脖子

象鸟蛋

没有翅膀
但有羽毛
的身体

粗长的
大腿

踝关节

三根大幅度分
开的脚趾，带
有小爪子

脚趾关节

跖骨（足骨）

| 体长：最长3米 | 体重：650千克 | 食物：种子和水果 |

其他恐龙

本节简要介绍了正文里没有囊括的恐龙，将近 300 种。每个词条都包含了该物种延续的地质时间段，以及化石主要来自哪个国家和地区。

醒龙（*Abrictosaurus*）
早期小型鸟脚类恐龙。侏罗纪，南非。

河神龙（*Achelousaurus*）
看起来介于野牛龙和厚鼻龙之间的角龙。晚白垩世，美国。

冥河盗龙（*Acheroraptor*）
与君王暴龙和三角龙生活在一起的驰龙。晚白垩世，美国。

阿基里斯龙（*Achillobator*）
每只脚上都有镰刀形爪子的大型恐爪龙。晚白垩世，蒙古。

高棘龙（*Acrocanthosaurus*）
类似异特龙的兽脚类恐龙，背部有棘刺支撑背帆或脊突。早白垩世，美国。

高顶龙（*Acrotholus*）
最古老的肿头龙。晚白垩世，加拿大。

恶灵龙（*Adasaurus*）
身体轻盈的驰龙，每只后足上都有镰刀形长爪子。晚白垩世，蒙古。

埃及龙（*Aegyptosaurus*）
只留下零散骨骼化石的蜥脚类。晚白垩世，北非。

风神龙（*Aeolosaurus*）
大型蜥脚类。晚白垩世，阿根廷。

非洲猎龙（*Afrovenator*）
兽脚类。白垩纪，非洲。

灵龙（*Agilisaurus*）
身体轻巧的植食性恐龙。中侏罗世，中国。

阿拉摩龙（*Alamosaurus*）
最后一种蜥脚类和北美洲唯一的泰坦龙类。晚白垩世，美国。

阿尔伯塔猎龙（*Albertavenator*）
属于伤齿龙。晚白垩世，加拿大。

阿尔伯塔龙（*Albertosaurus*）
类似暴龙的兽脚类。晚白垩世，北美洲。

独龙（*Alectrosaurus*）
大型兽脚类。晚白垩世，中国和蒙古。

阿尔哥龙（*Algoasaurus*）
小型蜥脚类。早白垩世，南非。

沟牙龙（*Alocodon*）
只留下了牙齿化石的小型装甲类恐龙。晚侏罗世，葡萄牙。

高吻龙（*Altirhinus*）
吻部有喙的禽龙类，每只手上都有带刺的拇指。早白垩世，蒙古。

顶棘龙（*Altispinax*）
背部有长刺的兽脚类。早白垩世，英国。

阿瓦拉慈龙（*Alvarezsaurus*）
轻巧的小型兽脚类，具有极细长的扁平尾巴。和鸟面龙一起组成了阿瓦拉慈龙类。晚白垩世，阿根廷。

艾沃克龙（*Alwalkeria*）
早期蜥臀类。晚三叠世，印度。

阿拉善龙（*Alxasaurus*）
大型原始镰刀龙。白垩纪，蒙古。

阿马加龙（*Amargasaurus*）
蜥脚类，背部具有极长的棘刺。早白垩世，阿根廷。

砂龙（*Ammosaurus*）
蜥脚类，具有大型手部和拇指爪。目前与近蜥龙归为一类。早侏罗世，美国。

葡萄园龙（*Ampelosaurus*）
巨大的泰坦龙类蜥脚类。晚白垩世，法国。

安吐龙（Amtosaurus）
可能属于甲龙类，但分类尚不明确。晚白垩世，蒙古。

阿穆尔龙（Amurosaurus）
类似赖氏龙的鸭嘴龙。尚未得到正式描述。白垩纪，俄罗斯。

杏齿龙（Amygdalodon）
大型蜥脚类。晚侏罗世，阿根廷南部。

阿纳萨齐龙（Anasazisaurus）
只留下了头骨的鸭嘴龙。晚白垩世，美国。

准角龙（Anchiceratops）
具有长颈盾的蛟龙类。晚白垩世，加拿大。

近鸟龙（Anchiornis）
著名的近鸟类。晚侏罗世，中国。

安第斯龙（Andesaurus）
巨大的泰坦龙类蜥脚类。白垩纪，阿根廷。

似鹅龙（Anserimimus）
类似似鸟龙的恐龙。晚白垩世，蒙古。

南极龙（Antarctosaurus）
庞大沉重的蜥脚类。晚白垩世，南美洲、印度和俄罗斯。

安祖龙（Anzu）
具有高头饰的大型无齿近颌龙。晚白垩世，美国。

迷惑盗龙（Apatoraptor）
留下了较完整的有关节骨架的近颌龙。晚白垩世，加拿大。

鹰角龙（Aquilops）
原始的新角龙类。早白垩世，美国。

阿拉果龙（Aragosaurus）
巨大的蜥脚类。早白垩世，西班牙。

咸海龙（Aralosaurus）
只留下头骨的鸭嘴龙类鸟脚类。晚白垩世，哈萨克斯坦。

原鸟形龙（Archaeornithoides）
牙齿无锯齿的兽脚类。晚白垩世，蒙古。

古似鸟龙（Archaeornithomimus）
类似似鸟龙的恐龙，具有原始的带爪手指。晚白垩世，北美洲和中国。

银龙（Argyrosaurus）
大型蜥脚类。晚白垩世，南美洲。

阿肯色龙（Arkansaurus）
兽脚亚类，也许属于似鸟龙类。晚白垩世，美国。

无鼻角龙（Arrhinoceratops）
有短鼻角的角龙。晚白垩世，加拿大。

阿斯坦龙（Arstanosaurus）
平头鸭嘴龙。晚白垩世，哈萨克斯坦。

阿斯法托猎龙（Asfaltovenator）
原始的坚尾龙，表明肉食龙类是自然类群。中侏罗世，阿根廷。

亚洲角龙（Asiaceratops）
原始角龙类，只留下了碎片化石。晚白垩世，俄罗斯。

阿特拉斯科普柯龙(Atlascopcosaurus)
禽龙类。早白垩世，澳大利亚。

后弯齿龙（Aublysodon）
类似暴龙的小型兽脚类，具有光滑的牙齿。晚白垩世，北美洲。

奥卡龙（Aucasaurus）
有完整骨架的阿贝力龙。晚白垩世，阿根廷。

黎明角龙（Auroraceratops）
小型原始角龙。早白垩世，中国。

澳洲南方龙（Austrosaurus）
原始的蜥脚类。白垩纪，澳大利亚。

爱氏角龙（Avaceratops）
小型角龙，标本可能是幼龙。晚白垩世，美国。

拟鸟龙（Avimimus）
类似偷蛋龙的兽脚类，可能有羽毛翅膀。晚白垩世，中国和蒙古。

巴克龙（*Bactrosaurus*）
鸭嘴龙类鸟脚类，头部扁平，椎骨有高高的棘刺。晚白垩世，中国和乌兹别克斯坦。

弱角龙（*Bagaceratops*）
极小的角龙类。晚白垩世，蒙古。

小掠龙（*Bagaraatan*）
原始兽脚类。可能属于暴龙。晚白垩世，蒙古。

巴哈利亚龙（*Bahariasaurus*）
坚尾龙类兽脚类，分类尚不明确。晚白垩世，埃及和尼日尔。

巴拉乌尔龙（*Balaur*）
不寻常的近鸟型兽脚类，每只脚上都有两个镰刀爪。晚白垩世，罗马尼亚。

斑比盗龙（*Bambiraptor*）
兽脚类，标本为幼龙，第二趾上有镰刀爪。起初被误认成幼年伶盗龙或犀鸟盗龙。晚白垩世，美国。

巴思钵氏龙（*Barsboldia*）
大型鸭嘴龙类鸟脚类。晚白垩世，蒙古。

贝贝龙（*Beibeilong*）
大型近颌龙，只留下了胚胎化石和一窝蛋化石。晚白垩世，中国。

北票龙（*Beipiaosaurus*）
具有原始羽毛的植食性兽脚类。目前发现属于镰刀龙类。白垩纪，中国。

巧龙（*Bellusaurus*）
小型蜥脚类。可能是另一个属的幼龙。侏罗纪，中国。

贝里肯龙（*Bilkanosaurus*）
庞大的蜥脚类。晚三叠世，南非和莱索托。

北方盾龙（*Borealopelta*）
保存完好的甲龙，有完整的皮肤和鳞片。早白垩世，加拿大。

无聊龙（*Borogovia*）
类似伤齿龙的兽脚类，每只脚上都有一个镰刀爪。晚白垩世，蒙古。

短角龙（*Brachyceratops*）
有鼻角和两根眉角的角龙。晚白垩世，美国。

短冠龙（*Brachylophosaurus*）
原始鸭嘴龙类鸟脚类，头顶一个扁平的头饰。晚白垩世，北美洲。

矮脚角龙（*Breviceratops*）
角龙类。晚白垩世，蒙古。

雷龙（*Brontosaurus*）
最初认为是迷惑龙的异名，但现在重新归为有效的名称。晚侏罗世，美国。

布氏盗龙（*Buriolestes*）
早期的肉食性蜥脚形类动物。晚三叠世，巴西。

拜伦龙（*Byronosaurus*）
类似伤齿龙的兽脚类。该族群中第一种牙齿没有锯齿的成员。晚白垩世，蒙古。

近颌龙（*Caenagnathus*）
轻巧的近颌龙类窃蛋龙。晚白垩世，北美洲。

卡洛夫龙（*Callovosaurus*）
鸟脚类。中侏罗世，英国。

卡米洛特龙（*Camelotia*）
大型蜥脚类。晚三叠世，英国。

鲨齿龙（*Carcharodontosaurus*）
大型肉食龙类。白垩纪，非洲。

直龙（*Cathetosaurus*）
蜥脚类，化石稀少。其实可能是圆顶龙。晚侏罗世，美国。

雪松龙（*Cedarosaurus*）
类似腕龙的蜥脚类。晚白垩世，美国。

似鲸龙（*Cetiosauriscus*）
蜥脚类。侏罗纪，英国。

长眠龙（*Changmiania*）
原始的鸟脚类，留下了两具呈睡眠姿势的骨架。早白垩世，中国。

朝阳龙（*Chaoyangosaurus*）
小型双足鸟臀类，可能是厚头龙。晚侏罗世，中国。

吉兰泰龙（*Chilantaisaurus*）

类似异特龙的大型肉食龙类。晚白垩世，中国和俄罗斯。

智利龙（*Chilesaurus*）

不寻常的植食性恐龙，可能是早期鸟臀类分支，也可能是兽脚类。晚侏罗世，智利。

钦迪龙（*Chindesaurus*）

轻巧的兽脚类。最古老的恐龙之一。晚三叠世，北美洲。

纤手龙（*Chirostenotes*）

属于近颌龙类，目前发现是近颌龙类窃蛋龙。晚白垩世，加拿大。

丘布特龙（*Chubutisaurus*）

不寻常的蜥脚类，椎骨大幅度空洞化。晚白垩世，阿根廷。

重庆龙（*Chungkingosaurus*）

剑龙。晚侏罗世，中国。

破碎龙（*Claosaurus*）

原始的鸭嘴龙。晚白垩世，美国。

科罗拉多斯龙（*Coloradisaurus*）

大椎龙类蜥脚类。晚三叠世，阿根廷。

昆卡猎龙（*Concavenator*）

不寻常的鲨齿龙类兽脚类，背上有一个突起。早白垩世，西班牙。

窃螺龙（*Conchoraptor*）

小型窃蛋龙类兽脚类。晚白垩世，蒙古。

冠盗龙（*Corythoraptor*）

头饰华丽的窃蛋龙类兽脚类。晚白垩世，中国。

冰脊龙（*Cryolophosaurus*）

兽脚类。早侏罗世，南极洲。

锐龙（*Dacentrurus*）

早期的剑龙类，背部有两排不对称的骨板，尾部有大棘刺。晚侏罗世，英国、法国、葡萄牙和西班牙。

惧龙（*Daspletosaurus*）

有眉角的重型暴龙类兽脚类。晚白垩世，加拿大。

酋龙（*Datousaurus*）

类似鲸龙类的蜥脚类，有长脖子和相当结实的头骨。中侏罗世，中国。

三角洲奔龙（*Deltadromeus*）

四肢长、奔跑速度快的坚尾龙类兽脚类。晚白垩世，摩洛哥。

叉龙（*Dicraeosaurus*）

梁龙类蜥脚类，有长脖子和鞭子一样的尾巴。侏罗纪，坦桑尼亚。

帝龙（*Dilong*）

有头饰的小型原始暴龙，带有羽毛。早白垩世，中国。

龙爪龙（*Draconyx*）

类似禽龙的恐龙。晚侏罗世，葡萄牙。

龙胄龙（*Dracopelta*）

结节龙。晚侏罗世，葡萄牙。

似鸸鹋龙（*Dromiceiomimus*）

形似鸸鹋的恐龙。白垩纪，加拿大。

伤龙（*Dryptosaurus*）

北美洲发现的第一种兽脚类。晚白垩世，美国。

棘齿龙（*Echinodon*）

早期的小型鸟臀类。晚侏罗世，英国。

野牛龙（*Einiosaurus*）

角龙。晚白垩世，美国。

轻巧龙（*Elaphrosaurus*）

轻巧的兽脚类。以前被归为似鸟龙类，现在重新被归为西北阿根廷龙类，是阿贝利龙的一个亚群。白垩纪，坦桑尼亚。

单足龙（*Elmisaurus*）

留下了手足化石的兽脚类。目前发现是近颌类窃蛋龙，和近颌龙以及纤手龙一样。晚白垩世，蒙古。

莫阿大学龙（*Emausaurus*）
皮肤覆盖着锥形扁平甲板的鸟臀类。侏罗纪，德国。

秘龙（*Enigmosaurus*）
大型镰刀龙。白垩纪，蒙古。

始角龙（*Eoceratops*）
原始角龙类，有短颈盾和三个短面角。晚白垩世，北美洲。

原赖氏龙（*Eolambia*）
早期类似鸭嘴龙的鸟脚类。白垩纪，美国。

始暴龙（*Eotyrannus*）
兽脚类。白垩纪，英国。

沉重龙（*Epachthosaurus*）
非常大的装甲蜥脚类。白垩纪，阿根廷。

挺足龙（*Erectopus*）
异特龙。白垩纪，法国和埃及。

死神龙（*Erlikosaurus*）
大型镰刀龙。晚白垩世，蒙古。

盘足龙（*Euhelopus*）
大型蜥脚类，脖子极长，身体粗壮。侏罗纪，中国。

欧爪牙龙（*Euronychodon*）
坚尾龙类兽脚类。白垩纪，葡萄牙和乌兹别克斯坦。

优肢龙（*Euskelosaurus*）
大型蜥脚形类。早侏罗世，莱索托、南非和津巴布韦。

美扭椎龙（*Eustreptospondylus*）
具有原始腰带的大型坚尾龙类兽脚类。侏罗纪，英国。

铸镰龙（*Falcarius*）
原始的镰刀龙类，化石床保存着数千块骨骼化石。早白垩世，美国。

似金翅鸟龙（*Garudimimus*）
类似似鸟类的恐龙。白垩纪，蒙古。

加斯帕里尼龙（*Gasparinisaura*）
非常小的鸟脚类，可能是幼龙。白垩纪，阿根廷。

锐颌龙（*Genyodectes*）
大型兽脚类。白垩纪，阿根廷。

巨盗龙（*Gigantoraptor*）
最大的窃蛋龙，体形可与暴龙相媲美。晚白垩世，中国。

计氏龙（*Gilmoreosaurus*）
原始的鸭嘴龙类鸟臀类。白垩纪，中国。

戈壁鸭龙（*Gobihadros*）
保存完好的基干鸭嘴龙。晚白垩世，蒙古。

戈壁猎龙（*Gobivenator*）
保存完好的伤齿龙。晚白垩世，蒙古。

工部龙（*Gongbusaurus*）
鸟臀类。侏罗纪，中国。

蛇发女怪龙（*Gorgosaurus*）
暴龙类，曾被归为艾伯塔龙。白垩纪，北美洲。

饰头龙（*Goyocephale*）
肿头龙类，头骨厚而扁平，有骨突和尖刺，牙齿很大。白垩纪，蒙古。

格里芬龙（*Gryposaurus*）
鸭嘴龙类。白垩纪，加拿大。

冠龙（*Guanlong*）
原始的有头饰暴龙。晚侏罗世，中国。

哈兹卡盗龙（*Halszkaraptor*）
类似天鹅的半水生驰龙。晚白垩世，蒙古。

单棘龙（*Haplocanthosaurus*）
蜥脚类。晚侏罗世，美国。

简手龙（*Haplocheirus*）
原始的阿瓦拉慈龙，是阿瓦拉慈龙类与兽脚类有联系的证据，还证实了这类恐龙前肢退化的过程。晚侏罗世，中国。

似鸟身女妖龙（*Harpymimus*）
原始的似鸟龙类。早白垩世，蒙古。

西龙（*Hesperosaurus*）
原始剑龙类，背部有一排圆形甲板。侏罗纪，美国。

伊斯的利亚龙（*Histriasaurus*）
背部可能有帆的大型蜥脚类。早白垩世，克罗地亚。

平头龙（*Homalocephale*）
头骨扁平的肿头龙类，头骨上有骨突。晚白垩世，蒙古。

装甲龙（*Hoplitosaurus*）
甲龙类。早白垩世，美国。

胡山足龙（*Hulsanpes*）
留下了足骨和部分颅骨的小型兽脚类。晚白垩世，蒙古。

亚冠龙（*Hypacrosaurus*）
大型鸭嘴龙。白垩纪，北美洲。

高桥龙（*Hypselosaurus*）
小型泰坦巨龙类蜥脚类，也是第一种被人发现恐龙蛋化石的恐龙。晚白垩世，法国和西班牙。

神威龙（*Kamuysaurus*）
鸭嘴龙类，留下了一具完整的骨架化石。晚白垩世，日本。

分离龙（*Kritosaurus*）
鸭嘴龙类。晚白垩世，阿根廷。

屿峡龙（*Labocania*）
坚尾龙类兽脚类。晚白垩世，墨西哥。

拉布拉达龙（*Laplatasaurus*）
有装甲的蜥脚类，颈部很长，椎骨有凹槽。晚白垩世，阿根廷和乌拉圭。

雷利诺龙（*Leaellynasaura*）
长着大眼睛的小棱齿龙。早白垩世，澳大利亚。

巨雷龙（*Ledumahadi*）
大型蜥脚类，但还没有演化出柱状腿。早侏罗世，南非。

纤角龙（*Leptoceratops*）
白垩纪的原始角龙类，北美洲。

泥潭龙（*Limusaurus*）
不寻常的角龙，个体在成长过程中会逐渐失去牙齿。晚侏罗世，中国。

冠长鼻龙（*Lophorhothon*）
鸭嘴龙类。白垩纪，美国。

露丝娜龙（*Losillasaurus*）
巨大的梁龙类蜥脚类。侏罗纪和白垩纪，西班牙。

狼嘴龙（*Lycorhinus*）
早期鸟脚类。侏罗纪，南非。

马扎尔龙（*Magyarosaurus*）
小型泰坦巨龙类蜥脚类。晚白垩世，罗马尼亚。

玛君龙（*Majungasaurus*）
有小眉角的大型兽脚类。晚白垩世，马达加斯加。

马拉维龙（*Malawisaurus*）
蜥脚类。早白垩世，马拉维。

马什龙（*Marshosaurus*）
大型兽脚类。晚侏罗世，美国。

恶龙（*Masiakasaurus*）
兽脚类，现在认为和轻龙一样属于西北阿根廷龙类。白垩纪，马达加斯加。

大盗龙（*Megaraptor*）
兽脚类。白垩纪，阿根廷。

寐龙（*Mei*）
小型伤齿龙类兽脚类，留下了两具呈睡姿的骨架化石。早白垩世，中国。

黑丘龙（*Melanorosaurus*）
大型蜥脚类。晚三叠世和早侏罗世，莱索托和南非。

中棘龙（*Metriacanthosaurus*）
背部有高大棘刺的兽脚类。白垩纪，英国。

微肿头龙（*Micropachycephalosaurus*）
极小的角龙，也是体形最小的恐龙之一。晚白垩世，中国。

小猎龙（*Microvenator*）
最古老的近颌龙类窃蛋龙。早白垩世，中国和美国。

厄兆龙（*Moros*）
原始的小型暴龙。晚白垩世，美国。

鼠龙（*Mussaurus*）
类似板龙的蜥脚类，化石包括 6 米长的成年龙，也包括刚孵化的幼龙，后者是目前发现最小的恐龙骨骼。三叠纪，阿根廷。

木他龙（*Muttaburrasaurus*）
类似禽龙的鸟脚类。早白垩世，澳大利亚。

迈摩尔甲龙（*Mymoorapelta*）
甲龙类。白垩纪，澳大利亚。

纳秀毕吐龙（*Naashoibitosaurus*）
只留下了头骨化石的鸭嘴龙，可能是分离龙的一种。白垩纪，美国。

侏儒龙（*Nanosaurus*）
小型鸟臀类。侏罗纪，北美洲。

南阳龙（*Nanyangosaurus*）
鸟脚类。白垩纪，中国。

内德科尔伯特龙（*Nedcolbertia*）
留下了 3 具不完整骨架的小型兽脚类。可能是似鸟龙类。早白垩世，美国。

耐梅盖特龙（*Nemegtosaurus*）
留下了头骨、椎骨和后肢骨骼的蜥脚类。晚白垩世，中国和蒙古。

新猎龙（*Neovenator*）
类似异特龙的兽脚类，头骨轮廓类似海鳄。早白垩世，英国。

内乌肯盗龙（*Neuquenraptor*）
兽脚类，每只脚上都有镰刀爪。晚白垩世，阿根廷。

尼日尔龙（*Nigersaurus*）
原始的雷巴齐斯龙类蜥脚类。早白垩世，尼日尔。

日本龙（*Nipponosaurus*）
有骨质头饰的小型鸭嘴龙。白垩纪，俄罗斯。

西北阿根廷龙（*Noasaurus*）
小型兽脚类。白垩纪，阿根廷。

特征镶嵌盗龙（*Notatesseraeraptor*）
类似腔骨龙和双冠龙的早期兽脚类。晚三叠世，瑞士。

懒爪龙（*Nothronychus*）
第一种在亚洲以外发现的镰刀龙，可能有羽毛。白垩纪，美国。

恩奎巴龙（*Nqwebasaurus*）
似鸟龙，第一指上有极大的爪子。白垩纪，南非。

尼亚萨龙（*Nyasasaurus*）
可能是最古老的恐龙。三叠纪，东非。

欧姆殿龙（*Ohmdenosaurus*）
蜥脚类，留下了一块完整的胫骨化石。早侏罗世，德国。

三头鹰龙（*Oksoko*）
不寻常的两指窃蛋龙，留下保存在一起的四具骨骼化石。晚白垩世，蒙古。

峨眉龙（*Omeisaurus*）
类似鲸龙类的大型蜥脚类。脖子很长。侏罗纪，中国。

后凹尾龙（*Opisthocoelicaudia*）
大型短尾泰坦巨龙，其实可能是耐梅盖特龙。白垩纪，蒙古。

山奔龙（*Orodromeus*）
鸟脚类，骨骼化石和未孵化的蛋以及幼龙化石一起被发现。幼龙可能会在孵化后就独立生活。晚白垩世，美国。

澳洲盗龙（*Ozraptor*）
阿贝力龙类兽脚类，具有三根手指和僵硬的尾巴。侏罗纪，澳大利亚。

厚鼻龙（*Pachyrhinosaurus*）
有短颈盾的角龙类，可能有一根鼻角。白垩纪，北美洲。

胄甲龙（*Panoplosaurus*）
没有尾锤的结节龙类甲龙。白垩纪，北美洲。

似花君龙（*Paranthodon*）
留下了一副颌骨化石的剑龙。白垩纪，南非。

帕克氏龙（*Parksosaurus*）
鸟脚类。白垩纪，北美洲。

巴塔哥尼亚爪龙（*Patagonykus*）
和阿瓦拉慈龙以及鸟面龙一样属于阿瓦拉慈龙类。晚白垩世，阿根廷。

巴塔哥尼亚龙（*Patagosaurus*）
类似鲸龙的原始蜥脚类。中侏罗世，阿根廷。

爪爪龙（*Pawpawsaurus*）
大型结节龙，大部分身体都覆盖铠甲，但没有尾锤。白垩纪，美国。

似鹈鹕龙（*Pelecanimimus*）
欧洲最早发现的似鸟龙，有大约 220 颗牙齿，超过了所有其他兽脚类恐龙。化石显示其具有羽毛。白垩纪，西班牙。

畸形龙（*Pelorosaurus*）
蜥脚类，留下了不完整的骨架和皮肤印迹化石。早白垩世，英国和法国。

叶牙龙（*Phyllodon*）
小型类似棱齿龙的恐龙。侏罗纪，葡萄牙。

绘龙（*Pinacosaurus*）
甲龙。白垩纪，蒙古。

皮萨诺龙（*Pisanosaurus*）
可能是早期的鸟臀类，只留下了零散的化石。分类尚有争议。晚三叠世，阿根廷。

皮韦托龙（*Piveteausaurus*）
巨齿龙类，长约 11 米。侏罗纪，法国。

扁臀龙（*Planicoxa*）
鸟脚类。白垩纪，美国。

杂肋龙（*Poekilopleuron*）
类似巨齿龙的兽脚类。侏罗纪，法国。

多刺甲龙（*Polacanthus*）
带有棘刺的原始甲龙。白垩纪，英国。

倾头龙（*Prenocephale*）
类似剑角龙的肿头龙类。白垩纪，蒙古。

原巴克龙（*Probactrosaurus*）
类似禽龙的鸟脚类。早白垩世，中国。

原角鼻龙（*Proceratosaurus*）
有头饰兽脚类，属于早期暴龙。侏罗纪，英国。

原栉龙（*Prosaurolophus*）
鸭嘴龙。晚白垩世，北美洲。

原始祖鸟（*Protarchaeopteryx*）
不会飞的似鸟兽脚类，手臂、身体的大部分和短尾巴上都有羽毛。早白垩世，中国。

始鸭嘴龙（*Protohadros*）
最古老的禽龙类。晚白垩世，美国。

火盗龙（*Pyroraptor*）
类似恐爪龙的恐龙。其实可能是瓦尔盗龙。白垩纪，法国。

快达龙（*Qantassaurus*）
和袋鼠一般大小的鸟脚类。白垩纪，澳大利亚。

非凡龙（*Quaesitosaurus*）
大型泰坦巨龙，只留下了部分头骨。白垩纪，蒙古。

基尔梅龙（*Quilmesaurus*）
中型兽脚类。晚白垩世，阿根廷。

肋空鸟龙（*Rahonavis*）
恐龙或原始鸟类，具有镰刀趾爪和一条长长的骨质尾巴。晚白垩世，马达加斯加。

掠食龙（*Rapetosaurus*）
类似泰坦龙的蜥脚类。晚白垩世，马达加斯加。

雷巴齐斯龙（*Rebbachisaurus*）
雷巴齐斯龙类蜥脚类，可能有背帆。白垩纪，摩洛哥和尼日尔。

皇家角龙（*Regaliceratops*）
不寻常的角龙类，具有高度装饰性的皇冠状颈盾。晚白垩世，加拿大。

凹齿龙（*Rhabdodon*）
类似禽龙的鸟脚类。晚白垩世，奥地利、法国、罗马尼亚和西班牙。

瑞托斯龙（*Rhoetosaurus*）
类似鲸龙的蜥脚类。中侏罗世，澳大利亚。

理察伊斯特斯龙（*Ricardoestesia*）
小型兽脚类。白垩纪，北美洲。

里奥哈龙（*Riojasaurus*）
体形庞大的蜥脚形类。晚三叠世和早侏罗世，阿根廷。

吕勒龙（*Ruehleia*）
最近发现的类似板龙的原始蜥脚类。三叠纪，德国。

美甲龙（*Saichania*）
具有尾锤的甲龙，身体侧面有骨刺和骨突。现已发现它的身体和腹部的铠甲。白垩纪，蒙古。

桑塔纳盗龙（*Santanaraptor*）
兽脚类，留下了部分骨架和皮肤印迹化石。早白垩世，巴西。

窃肉龙（*Sarcolestes*）
早期结节龙或甲龙，只留下了部分下颌骨化石。侏罗纪，英国。

波塞冬龙（*Sauroposeidon*）
类似腕龙的蜥脚类。白垩纪，美国。

蜥鸟盗龙（*Saurornitholestes*）
类似伶盗龙的兽脚类。白垩纪，加拿大。

棒爪龙（*Scipionyx*）
兽脚类，目前只发现过一具刚孵化的幼龙化石，其中包括软组织。目前归为美颌龙类。白垩纪，美国。

孤独龙（*Secernosaurus*）
南美洲发现的第一种鸭嘴龙。白垩纪，阿根廷。

斯基龙（*Segisaurus*）
鹅一般大小的似鸟兽脚类，锁骨的结构与真正的鸟类相似。侏罗纪，美国。

慢龙（*Segnosaurus*）
已知属于镰刀龙类。白垩纪，蒙古。

沙漠龙（*Shamosaurus*）
甲龙类。白垩纪，蒙古。

山东龙（*Shantungosaurus*）
已知的体形最大的鸭嘴龙。晚白垩世，中国。

暹罗龙（*Siamosaurus*）
有背帆的、类似棘龙的大型兽脚类。白垩纪，泰国。

暹罗暴龙（*Siamotyrannus*）
兽脚类，现在归入中棘龙。白垩纪，泰国。

林木龙（*Silvisaurus*）
颈部较长的结节龙，背部有棘刺伸出，尾巴上可能也有棘刺。白垩纪，美国。

中华鸟龙（*Sinornithosaurus*）
驰龙。化石保留着皮肤上的绒毛纤维痕迹。侏罗纪，中国。

钉盾龙（*Spiclypeus*）
具有高度装饰性颈盾的角龙。晚白垩世，美国。

狭盘龙（*Stenopelix*）
角龙类，可能类似鹦鹉嘴龙，留下了腰带和腿部骨骼化石。早白垩世，德国。

史托龙（*Stokesosaurus*）
兽脚类，可能是最古老的暴龙。侏罗纪，美国。

厚甲龙（*Struthiosaurus*）
甲龙类。晚白垩世，欧洲。

超龙（*Supersaurus*）
梁龙类蜥脚类。最长的恐龙之一。晚侏罗世，美国。

郊狼暴龙（*Suskityrannus*）
原始的小型暴龙。晚白垩世，美国。

篮尾龙（*Talarurus*）
甲龙类。白垩纪，蒙古。

怪味龙（*Tangvayosaurus*）
泰坦巨龙类蜥脚类。白垩纪，亚洲。

多智龙（*Tarchia*）
尾锤极大、颅腔也很大的甲龙。白垩纪，蒙古。

太阳神龙（*Tawa*）
早期兽脚类，留下了完整的骨骼和头骨化石。

晚三叠世，美国。

沼泽龙（*Telmatosaurus*）
鸭嘴龙类。白垩纪，法国、罗马尼亚和西班牙。

汤达鸠龙（*Tendaguria*）
蜥脚类。侏罗纪，坦桑尼亚。

腱龙（*Tenontosaurus*）
大型鸟脚类，手臂较长。白垩纪，北美洲。

塔那托斯龙（*Thanatotheristes*）
暴龙类，是惧龙的近亲。晚白垩世，加拿大。

奇异龙（*Thescelosaurus*）
鸟脚类。白垩纪，北美洲。

似提姆龙（*Timimus*）
兽脚类，留下了腿骨化石。白垩纪，澳大利亚。

帖木儿龙（*Timurlengia*）
小型的早期暴龙，具有类似暴龙的进步大脑。晚白垩世，乌兹别克斯坦。

蛮龙（*Torvosaurus*）
大型兽脚类。晚侏罗世，美国。

尖嘴龙（*Tsintaosaurus*）
有骨质头饰的鸭嘴龙。白垩纪，中国。

膨头龙（*Tylocephale*）
小型肿头龙，只留下了不完整的头骨化石。白垩纪，蒙古。

半鸟（*Unenlagia*）
似鸟兽脚类。目前归为驰龙类。白垩纪，阿根廷。

尤他盗龙（*Utahraptor*）
大型驰龙类。白垩纪，美国。

威尔顿盗龙（*Valdoraptor*）
坚尾龙类兽脚类，留下了足骨化石。早白垩世，英国。

瓦尔盗龙（*Variraptor*）
驰龙类兽脚类。晚白垩世，法国。

毒瘾龙（*Venenosaurus*）
泰坦巨龙类蜥脚类。白垩纪，美国。

西向龙（*Vespersaurus*）
生活在沙漠中的西北阿根廷龙，足部有特殊退化。晚白垩世，巴西。

皖南龙（*Wannanosaurus*）
原始小型肿头龙。白垩纪，中国。

温氏角龙（*Wendiceratops*）
华丽的角龙类，具有高度装饰性的颈盾，面部有三根角。晚白垩世，加拿大。

乌尔禾龙（*Wuerhosaurus*）
剑龙类，骨板小于剑龙。早白垩世，蒙古。

怪踝龙（*Xenotarsosaurus*）
兽脚类，留下了少数椎骨和后腿骨化石。白垩纪，阿根廷。

晓龙（*Xiaosaurus*）
小型鸟臀类。侏罗纪，中国。

宣化角龙（*Xuanhuaceratops*）
鸟臀类。白垩纪，中国。

盐都龙（*Yandusaurus*）
鸟脚类鸟臀类。侏罗纪，中国。

雅尔龙（*Yaverlandia*）
早期的手盗类。白垩纪，英国。

奇翼龙（*Yi*）
不寻常的小型恐龙，具有蝙蝠一样的皮翼而非羽翼。晚侏罗世，中国。

云南龙（*Yunnanosaurus*）
大型蜥脚形类恐龙，唯一会自行磨砺凿形牙齿的蜥脚形类恐龙。侏罗纪，中国。

西风龙（*Zephyrosaurus*）
类似棱齿龙的恐龙，留下了部分颅骨和椎骨化石。白垩纪，美国。

资中龙（*Zizhongosaurus*）
原始的蜥脚类恐龙。侏罗纪，中国。

祖尼角龙（*Zuniceratops*）
长有眉角的早期角龙。白垩纪，美国。

术语表

术语表是书中专业术语的简易指南，侧重于描述各类恐龙群体和其他史前生物，也包括解剖特征的学名。未能找到需要的术语时，请检索索引，因为您需要的信息可能在其他章节。

■ 棘鱼类
最早的有颌脊椎动物。原始鱼类，也称为刺鲨，从奥陶纪延续到了石炭纪。

■ 髋臼
髋关节窝。

■ 翼面
翅膀弯曲的表面，通过产生向上的力来助力飞行。

■ 坚蜥类
早期的主龙形类，形似鳄鱼，身体笨重，有叶形牙齿。

■ 无颌类
"无颌鱼"，是繁盛于古生代早期的原始脊椎动物。

■ 藻类
类似植物的较原始生物。

■ 异特龙类
相当原始的大型坚尾类兽脚类恐龙。

■ 菊石
已灭绝的掠食性海洋无脊椎动物（头足类）。它们具有外壳（通常呈螺旋状），里面有充满空气的腔室，而身体只占据外室。

■ 羊膜动物
胚胎具有保护膜的动物。羊膜是围绕胚胎的膜性结构。哺乳动物、鸟类和爬行动物都是羊膜动物。

■ 两栖动物
幼体生活在水中（通过鳃呼吸）的脊椎动物，但成年后通常生活在陆地上（用肺呼吸）。现生的两栖动物包括蝾螈、有尾类、蛙类和蟾蜍。

■ 被子植物
开花植物，产生包裹在果实（子房）中的种子。

■ 甲龙类
身披重甲、以植物为食的四足鸟臀类家族，从中侏罗世延续到了晚白垩世。

■ 树栖
大部分时间都生活在树上的生物。

■ 主龙类
爬行动物的一大分支，包括鳄类、翼龙、恐龙和鸟类。

■ 节肢动物
具有几丁质外骨骼、分段身体和有关节肢体的无脊椎动物。昆虫、蜘蛛和蝎子、三叶虫和甲壳类都属于节肢动物。

■ 偶蹄类
脚趾为偶数的有蹄类哺乳动物。现生成员包括猪、骆驼、鹿、长颈鹿和牛。

■ 波罗的大陆
古生代的古老大陆。

■ 两足动物
用后肢行走而不是四肢并用。另见四足动物。

■ 双壳类
水生软体动物，身体封闭在两片铰链式连接的外壳中。

■ 腕足类
海洋无脊椎动物，具有两瓣铰接的外壳。

■ 腕龙类
巨大的蜥脚类恐龙，具有勺形牙齿和长长的前肢。从晚侏罗世延续到早白垩世。

■ 颅腔
容纳和保护大脑的头骨。

■ 雷兽类
已灭绝的大型似犀牛哺乳动物家族。

■ 食叶者
以高处叶片（树叶、树木或灌木）为食的动物。

■ 圆顶龙类
脖子较短的蜥脚类恐龙，生活在侏罗纪和白垩纪。

■ 胸峰类
胸骨上有深龙骨突的鸟类。

■ 食肉类
牙齿锋利、以肉为食的哺乳动物，包括猫和狗。

■ 肉食龙类
大型兽脚类，从侏罗纪延续到白垩纪。

■ 尖角龙类
类似犀牛的角龙类，大多数都有长鼻角和短颈盾。

■ 头足类
大型头部周围生有触手的软体无脊椎动物，包括乌贼、章鱼和菊石。

■ 角足类
鸟臀类恐龙，包括鸟脚类和头饰龙类。

■ 角龙类
植食性鸟臀类，具有喙和沿头骨后部生长的骨质头盾。

■ 角鼻龙类
兽脚类的一大分支，它们的三根腰带骨（髂骨、坐骨和耻骨）融合在一起。

■ 鲸豚类
具有流线型身体和鳍状肢的海洋哺乳动物，包括鲸和海豚。

■ 离龙类
类似鳄鱼的双孔类爬行动物。

■ 演化支
具有来自相同祖先的解剖特征的一类动物或其他生物。

■ 虚骨龙类
羟尾龙类兽脚类，包括手盗龙、似鸟龙和暴龙。

■ 髁节类
出现在古近纪的一类食草哺乳动物。有的具有爪子，有的具有钝蹄。不是自然分类，用于描述关系未知的有蹄类哺乳动物。

■ 孔子鸟类
类似孔子鸟的早期鸟类。

■ 肉齿类
肉食性哺乳动物，具有爪子、小脑部和大颌部，还有许多锋利的牙齿。它们是古近纪末期的主要肉食性哺乳动物。但肉齿类不是自然分类，只是用于描述亲缘关系不明的肉食性哺乳动物。

■ 鳄类
主龙类的一个分支，包括鳄鱼、短吻鳄和恒河鳄。它们诞生于晚三叠世。

■ 海百合
形似植物的棘皮动物。

■ 甲壳类
一类无脊椎动物，具有坚硬的外骨骼、有关节的腿，以及双侧对称的分段身体。

■ 成冰纪
7.2 亿 ~ 6.35 亿 年 前 的地质时期。

■ 苏铁
原始种子植物，是侏罗纪的优势物种。它们是形似棕榈的雌雄异株植物。

■ 犬齿兽类
诞生于晚二叠世的一类植食性和肉食性下孔类动物，

也是哺乳动物的远亲。

■ 恐爪龙类
进步的兽脚类恐龙，每只后足的第二趾上都有镰刀状的锋利长爪子。其中包括驰龙类和伤齿龙类。

■ 双孔类
动物中的一个演化支，特征是有两个颞颥孔，包括主龙类和鳞龙类。

■ 二齿兽类
形似猪的植食性兽孔类，上颌有两颗大獠牙。

■ 二态性
有两种形态，例如同一个物种的雌雄二型性。

■ 恐头兽类
晚二叠世兽孔类。部分以肉为食，部分以植物为食，还有杂食性成员。

■ 恐龙
爬行动物的演化支，部分特征是大幅度或完全打开的髋臼和直立的四肢。它们完全生活在陆地上。只有一个主要恐龙族群在白垩纪末期之后幸存了下来，即鸟类。

■ 梁龙类
巨大的蜥脚类，特征是小脑袋和钉状牙齿，鼻孔位于头顶。

■ 柱齿兽类
一类原始的哺乳动物。

■ 驰龙类
小巧、迅捷的兽脚类，具有大眼睛和可以伸缩的镰刀形大趾爪。

■ **棘皮动物**
海生无脊椎动物，现生成员的手臂有五条（或五的倍数条）。

■ **变温动物**
也称为"冷血动物"，体内的温度随周围环境而改变。

■ **薄片龙类**
一类长颈蛇颈龙。

■ **反鸟类**
生活在白垩纪的无齿鸟类。和现生鸟类相比，它们的肩胛骨和喙突（与肩胛骨相连的小骨头）方向相反。

■ **真鸟类**
包括所有现生鸟类，也包括一些没有留下后裔的已灭绝鸟类。

■ **欧亚大陆**
由欧洲和亚洲的陆块共同形成的大陆。

■ **演化**
理论上是一个群体的基因池因环境压力、自然选择和基因突变而变化的过程。

■ **外骨骼**
由几丁质（一种蛋白质）或碳酸钙形成的坚韧外壳。

■ **科**
一类有亲缘关系或相似的生物。"科"里包括至少一个属。

■ **股骨**
大腿骨。

■ **开孔**
骨骼上自然形成的窗户样孔洞。头骨有许多开孔。

■ **腓骨**
两块小腿骨中较小的一块。

■ **化石**
古生物的直接证据，包括遗骸、化学痕迹或行为痕迹。

■ **叉骨**
鸟类肩带中特有的"骨骼"。

■ **腹肋**
腹部区域的细肋骨，不与脊椎相连。

■ **腹足类**
一类软体动物，具有吸盘一样的脚，通常有螺旋状的外壳。

■ **属**
一组有亲缘关系或相似的生物。一个属至少包含一个种。相似的属组成"科"。

■ **冈瓦纳大陆**
盘古超大陆分裂后形成的南半球超大陆，包括今天的南美洲、非洲、印度、澳大利亚和南极洲。

■ **纤细型**
细小。一些物种既有纤细个体，又有健壮个体，可能是雌性和雄性的差异。

■ **笔石**
已灭绝的小型海洋群居动物，具有柔软的身体和坚硬的外壳。

■ **食草者**
以草等低矮植物为食的动物。

■ **裸子植物**
不开花的种子植物。

■ **鸭嘴龙类**
白垩纪的"鸭嘴"四足鸟脚类恐龙。

■ **植食者**
以植物为食的动物。

■ **黄昏鸟类**
类似黄昏鸟的早期鸟类家族。

■ **温血动物**
体温恒定的动物。通过自身产生热量来保持相对恒定的体内温度。

■ **木贼**
原始的孢子植物，具有根状茎，在古生代和中生代很常见。

■ **棱齿龙类**
一类小型植食性鸟脚类鸟臀类恐龙，在侏罗纪和白垩纪广泛分布。

■ **巨神海**
大西洋的前身，位于劳亚大陆和波罗的大陆之间。

■ **鱼鸟类**
类似鱼鸟的早期鸟类家族。

■ **禽龙类**
植食性鸟脚类，在白垩纪中广泛分布。

■ **髂骨**
三块骨盆骨骼之一（成对）。

■ **食虫者**
以昆虫为食的动物或植物。

■ **无脊椎动物**
没有脊柱的动物。

■ **坐骨**
三块骨盆骨骼之一（成对）。

■ **幼年**
尚未生长发育成熟的个体。

■ **K-Pg 灭绝**
发生白垩纪和古近纪之交的大灭绝。

■ **兔形类**
在古近纪末期广泛分布的一类哺乳动物，包括现生家兔和野兔。

■ **兔鳄类**
早期主龙类，可能是恐龙的亲戚。

■ **劳亚大陆**
盘古大陆分裂后形成的北方超大陆。

■ **劳伦大陆**
古生代的古大陆。

■ **鳞龙类**
包括蛇和蜥蜴的一类爬行动物。

■ **壳椎类**
已灭绝的小型两栖动物，形似蝾螈或蛇。延续时间贯穿石炭纪和二叠纪。

■ **滑距骨类**
已灭绝的一类有蹄哺乳动物，类似骆驼和马。

■ **石松类**
原始的维管植物，诞生于泥盆纪。

■ **手盗龙**
具有鸟类特征的一类进步兽脚类，包括驰龙类、窃蛋龙类、伤齿龙类、镰刀龙类和鸟类。

■ **头饰龙类**
头骨后部具有骨质颈盾的鸟脚类，包括角龙类和肿头龙类。

■ **有袋类**
这类哺乳动物会产下未发育成熟的小幼崽，后者需要在母亲腹部的育儿袋中成长，包括现生袋鼠。

■ **乳齿象**
已经灭绝的大象近亲。

■ **巨齿龙类**
大型兽脚类，比异特龙更加原始。

■ **中龙类**
已灭绝的似蜥蜴水生爬行动物。

■ **软体动物**
包括腹足类和头足类的无脊椎动物。

■ **单孔类**
原始的产卵哺乳动物。现生成员仅剩鸭嘴兽和针鼹。

■ **沧龙类**
生活在白垩纪的大型海生爬行类。

■ **多瘤齿兽类**
形似啮齿类的哺乳动物，生活在晚侏罗世至古近纪。成员的体形都非常小。

■ **多足类**
多足节肢动物，包括蜈蚣和倍足类。

■ **鹦鹉螺类**
原始头足类动物，具有厚壳。目前只有一个属幸存了下来。

■ **今颚类**
诞生于晚白垩世的鸟类，包括大多数飞鸟、游泳鸟和潜水鸟，如现生企鹅。

■ **扇尾类**
现代鸟类（及其共同祖先）的演化支，具有羽毛、覆有角质的喙和四腔心脏。

■ **结节龙类**
一类四足披甲的鸟臀类恐龙。

■ **幻龙类**
已灭绝的海生爬行类，具有四个鳍状肢，生活在三叠纪。

■ **鸟臀类**
腰带结构与鸟类近似的恐龙，两大恐龙族群之一，都是植食者，具有蹄状爪。另见蜥臀类。

■ **鸟跖类**
包括恐龙的主龙类演化支，它们的早期亲戚是兔鳄类和翼龙。

■ **似鸟龙类**
兽脚类恐龙，意为"模仿鸟"，类似不飞鸟。

■ **鸟脚类**
下颌外部没有开孔的鸟臀类，长长的耻骨向前延伸的程度超过髂骨。这类恐龙具有喙部，主要是两足植食者。

■ **鸟胸类**
鸟类的演化支，具有小翼羽，可以将空气引导到翅膀的上表面。

■ **卵生动物**
由卵孵化的动物。

■ **窃蛋龙类**
披羽手盗龙类兽脚类的一

个演化支，其中许多成员都没有牙齿，包括尾羽龙、拟鸟龙、近颌龙和窃蛋龙。

■ **肿头龙类**
两足鸟臀类，头骨极其厚实。

■ **古生物学**
生物学的一个分支，旨在研究非现代地质时期的生命。

■ **古生物学家**
研究古生物学的科学家。

■ **盘古大陆**
由地球上所有陆块组成的超大陆，形成于古生代末期。

■ **副爬行类**
已灭绝的羊膜动物，不是真正的爬行动物。

■ **锯齿龙类**
早期副爬行动物，具有巨大沉重的身体和粗壮的四肢。

■ **完全矿化**
矿物质在骨骼中沉积的过程。

■ **奇蹄类**
有蹄哺乳动物，包括马、犀牛和貘。

■ **石化**
有机组织变成石头的过程。

■ **植龙类**
已灭绝的半水生主龙类，类似鳄鱼。

■ **有胎盘类**
这类哺乳动物未出生的幼崽由胎盘提供营养。

■ **盾皮鱼类**
一类具有甲板的有颌鱼。

■ **楯齿龙类**
生活在三叠纪浅海的水生爬行动物，在三叠纪末期灭绝。许多成员都有类似龟类的壳。

■ **蛇颈龙类**
具有成对鳍状肢的中生代大型海生爬行动物。

■ **上龙类**
大型的短颈蛇颈龙成员。

■ **掠食者**
以其他动物为食的动物。

■ **可抓握**
可以抓握物体。例如有卷尾的动物能够用尾巴抓住树枝。

■ **原始**
具有类似更早期生物的特征。

■ **长鼻类**
具有象鼻的哺乳动物，包括现生大象和已灭绝的猛犸象。

■ **前棱蜥类**
三叠纪的早期植食性副爬行动物。

■ **原生动物**
单细胞动物的总称。

■ **鹦鹉嘴龙类**
双足植食性角龙类，具有像鹦鹉一样的喙。

■ **翼手龙类**
短尾翼龙，取代了此前的长尾翼龙。

■ **翼龙类**
飞行主龙类，是恐龙的近亲。

■ **耻骨**
骨盆带的骨骼，蜥臀类恐龙的耻骨指向下方且略朝前方，鸟臀类恐龙的耻骨指向下方和尾部。

■ **尾综骨**
鸟类的短尾骨，由融合的尾椎骨形成。

■ **四足动物**
用四足行走的动物。另见两足动物。

■ **桡骨**
两块前臂骨之一。

■ **走禽类**
包含大多数不飞陆生鸟类，例如鸵鸟、鸸鹋及其亲属。

■ **爬行动物**
一类动物的通用名称，其特征是具有鳞片（或有变化的鳞片），为变温动物，会产下带壳的卵。这并不是自然群体，因为没有将成员的所有后代囊括在内。

■ **喙头龙**
植食性的陆栖两足类爬行动物，生活在晚三叠世。

■ **粗壮**
同类动物中巨大的物种。另见纤细。

■ **骶骨**
与骨盆融合的腰椎。

■ **肉鳍鱼类**
有肉质鱼鳍的硬骨鱼，包括肺鱼、腔棘鱼和许多已灭绝的物种。诞生于志留纪。

■ **蜥臀类**
两大恐龙族群之一，分为兽脚类和蜥脚形类。另见鸟臀类。

■ **蜥脚形类**
大型四足长颈植食性蜥臀类恐龙，包括巨大的蜥脚类恐龙。

■ 蜥脚类
巨大的四足植食性恐龙，具有长脖子、小脑袋以及长尾巴。

■ 鳍龙类
已灭绝的中生代水生爬行类，包括蛇颈龙类、幻龙类和楯齿龙类。

■ 巩膜环
支撑眼睛结构的一圈骨骼。

■ 鳞甲
嵌入皮肤的骨板，有角质外壳。

■ 种子蕨
古生代和中生代生长在沼泽地区的原始种子植物。

■ 海牛类
包括现生海牛在内的哺乳动物族群。

■ 种
林奈分类中低于属的分组。只有同一个种的个体才能繁殖出具有生育能力的后代。

■ 剑龙类
四足鸟臀类恐龙，在颈部、背部和尾部具有骨板和（或）尖刺。

■ 下孔类
四足脊椎动物，特征为头骨在眼睛后面有一个低位开口。下孔类包括哺乳动物和许多其他二叠纪和三叠纪的生物。

■ 跗骨
踝骨。

■ 真骨类
进步的硬骨鱼。

■ 离片椎类
早期四足动物。

■ 坚尾龙类
兽脚类中的一大分支。尾巴的后部因尾椎骨上的骨质韧带而硬直。

■ 特提斯海
中生代的早期浅海，分开了北方的劳亚大陆与南方的冈瓦纳大陆。

■ 四足动物
包括两栖类、爬行类、鸟类和哺乳类。

■ 海龙类
生活在三叠纪时期的大型蜥蜴状海洋爬行动物。

■ 兽孔类
二叠纪和三叠纪下孔类的统称，包括哺乳动物。

■ 镰刀龙类
奇特的兽脚亚类，具有没有牙齿的喙部，每只脚都有四根脚趾。

■ 兽脚类
蜥臀类的一个分支，均为两足动物，大多数是肉食性恐龙。

■ 甲龙类
具有甲板和（或）尖刺的鸟臀类恐龙，包括甲龙类和剑龙类。

■ 三尖齿兽类
已经灭绝的早期小型哺乳动物，从三叠纪延续到了白垩纪。

■ 三叶虫
早期节肢动物，具有分成三段的外骨骼。

■ 伤齿龙类
身体轻盈的小型长腿手盗龙类兽脚类，颅腔极大。

■ 暴龙类
巨大的虚骨龙类兽脚类，具有两指手部、小手臂、大脑袋、锋利的牙齿和有力的后肢。

■ 尺骨
前臂的两块骨骼之一。

■ 有蹄类
有蹄的哺乳动物，例如马。

■ 维管植物
陆生植物，具有输送水分和养分的特化管道系统。

■ 椎骨
在脊椎动物中相互连接形成脊柱的骨骼。

■ 脊椎动物
有软骨或骨骼脊柱的动物。

索引

致谢

Dorling Kindersley would like to thank Alison Woodhouse for proofreading the text and Jane Parker for compiling the index.

REVISED EDITION
For their help in preparing the revised edition Dorling Kindersley would like to thank:
Sue Butterworth for compiling the index; Anjali Sachar, Arshti Narang, and Debjyoti Mukherjee for design assistance; Ankita Gupta, Chhavi Nagpal, and Tina Jindal for editorial assistance; Deepak Negi for picture research assistance; and Suhita Dharamjit (Senior Jacket Designer), Rakesh Kumar (DTP Designer), Priyanka Sharma (Jackets Editorial Coordinator), and Saloni Singh (Managing Jackets Editor) for help with the jacket.

PICTURE CREDITS
The publisher would like to thank the following for their kind permission to reproduce their photographs:
(Abbreviations key: b=bottom, c=centre, l=left, r=right, t=top, b/g=background)

5: 123RF.com: Mark Turner (tr). Getty Images / iStock: Vac1 (br); **10:** Queensland Museum; **11:** Royal Tyrrell Museum, Canada (br, cr); **17:** Alamy Stock Photo: Sergey Krasovskiy / Stocktrek Images (fcra). Nobumichi Tamura / Stocktrek Images (cra). Dorling Kindersley: James Kuether (cr); **22/23:** Corbis /ML Sinibaldi; **24/25:** Corbis/Yann Arthus-Bertrand (b/g); **27:** Natural History Museum (cl); **29:** Dorling Kindersley: Natural History Museum, London (clb); **30/31:** Corbis/Michael & Patricia Fogden (b/g); **30:** Natural History Museum (cl); **31:** 123RF.com: Corey A Ford (crb). Dorling Kindersley: James Kuether (br); **32/33:** Getty Images/William J. Hebert (b/g); **34/35:** Corbis/Michael & Patricia Fogden (b, c). Getty Images/Harvey Lloyd (t); **36/37:** Getty Images/Harvey Lloyd (b/g); **36:** Getty Images / iStock: breckeni (br); **37:** Natural History Museum, London (br); **38:** Masato Hattori; **42:** Getty Images / iStock: Vac1 (cr, b); **43:** Dorling Kindersley: Institute of Geology and Palaeontology, Tubingen, Germany (b). Corbis (tr). Natural History Museum (tc); **48:** © cisiopurple / cisiopurple.deviantart.com: (t); **49:** Dorling Kindersley: James Kuether (cr). Getty Images / iStock: breckeni (b); **53:** Carnegie Museum of Art, Pittsburgh (cr); **55:** American Museum of Natural History (t). Yorkshire Museum (b); **57:** Masato Hattori (b). Natural History Museum, London (cr); **58:** Science Photo Library: Mark P. Witton (br); **58/59:** Corbis:/Michael & Patricia Fogden (b/g); **61:** Dorling Kindersley: James Kuether (tr); **62:** Science Photo Library (b); **64/65:** Dreamstime.com: Jeroen Bader (beach); **64:** Smithsonian Institution (br); **65:** State Museum of Nature (tc); **67:** 123RF.com: Corey A Ford (cb). Carnegie Museum of Art, Pittsburgh (br); **68/69:** 123RF.com: Tommaso Lizzul (b/g). Dorling Kindersley: James Kuether; **71:** Dorling Kindersley: James Kuether (cb). **76:** Carnegie Museum Of Art, Pittsburgh (cr); **77:** The Institute of Archaeology, Beijing (cr); **79:** American Museum of Natural History (t); **82:** Dorling Kindersley: James Kuether (b); **86/87:** Dreamstime.com: Jeffrey Holcombe (b/g); **87:** Royal Tyrrell Museum, Canada (b). Senekenberg Nature Museum (t); **88:** Royal Tyrrell Museum, Canada (c); **90/91** Dorling Kindersley: James Kuether (b); **97:** Hunterian Museum **(tr).** Natural History Museum, London (b, br); **99:** Natural History Museum, London (br); **101:** Science Photo Library: Mark P. Witton (t). Natural History Museum, London (cr); **103:** Natural History Museum, London (b); **104/105:** Corbis (b/g); **105:** Alamy Stock Photo: Nobumichi Tamura / Stocktrek Images (cr); **107:** 123RF.com: Corey A Ford (br); **108:** © cisiopurple / cisiopurple. deviantart.com: (b); **110/111:** Dreamstime.com: Omdeaetb (b/g); **111:** Natural History Museum, London (cr); **112/113:** Dreamstime.com: Pniesen (b/g); **113:** Senekenberg Nature Museum (tr); **114:** Dorling Kindersley: James Kuether (cra); **115:** Dorling Kindersley: James Kuether (br); **118:** Dorling Kindersley: James Kuether (br). American Museum of Natural History (tr); **119:** Dorling Kindersley: James Kuether; **120:** Dorling Kindersley: James Kuether (cr); **121:** Alamy Stock Photo: Emily Willoughby / Stocktrek Images (ca). Dorling Kindersley: Royal Tyrrell Museum of Palaeontology, Alberta, Canada (b). Alamy Stock Photo: Emily Willoughby / Stocktrek Images (ca). © cisiopurple / cisiopurple.deviantart.com: (br). Dorling Kindersley: Royal Tyrrell Museum of Palaeontology, Alberta, Canada (b); **123:** © cisiopurple / cisiopurple.deviantart.com: (cra); **127:** 123RF.com: Michael Rosskothen (cra); **129:** Queensland Museum (t). Royal Tyrrell Museum, Canada (br, b); **131:** Natural History Museum, London (b). Witmer Laboratories (tr). Natural History Museum, London (cr); **133:** Royal Tyrrell Museum, Canada (c); **134:** Royal Tyrrell Museum, Canada (tr); **136:** Dorling Kindersley: James Kuether (br). Natural History Museum, London (cr); **138/139:** Getty Images (b/g); **138:** Royal Tyrrell Museum, Canada (tr); **139:** Natural History Museum, London (tr); **140:** American Museum of Natural History (tr); **141:** Natural History Museum, London (c). Science Photo Library (b); **142/143:** Dorling Kindersley: James Kuether. Dreamstime.com: Günter Albers (b/g); **143:** Natural History Museum, London (tr, cr); **144/145:** Dorling Kindersley: James Kuether (t); **145:** Photo of CRSL. Ligabue (tr); **147:** Smithsonian Institution (cr); **150/151:** Getty Images (b/g); **152/153:** Getty Images: Sergey Krasovskiy / Stocktrek Images (t); **152** Getty Images: Sergey Krasovskiy / Stocktrek Images (cl); **154:** 123RF.com: Mark Turner (cr); **157:** Alamy Stock Photo: Nobumichi Tamura / Stocktrek Images (ca); **158/159:** Corbis (b/g); **160/161:** Corbis (b/g); **163:** Natural History Museum, London (t); **164:** American Museum of Natural History (b); **167:** Natural History Museum, London (tr); **169:** Natural History Museum, London (tr); **170/171** Dorling Kindersley: James Kuether (b/g); **172:** Natural History Museum, London (c); **174/175:** Corbis (b/g); **174** Alamy Stock Photo: Sergey Krasovskiy / Stocktrek Images (bl); **177:** Willem van der Merwe: (cra); **178:** Corbis (b); **179:** Science Photo Library: Mauricio Anton (tr). Clemens v. Vogelsang: (cra); **180:** American Museum of Natural History (b); **184:** Natural History Museum, London **(b);** **185** Alamy Stock Photo: Sergey Krasovskiy / Stocktrek Images (b); **186** Science Photo Library: Jaime Chirinos (t). **188/189:** Corbis (b/g); **192:** Natural History Museum, London (tr); **192/193:** Dreamstime.com: Mathiasrhode (b/g); **194/195:** Corbis (b/g); **198:** Alamy Stock Photo: Natural History Museum, London (br); **199:** Natural History Museum, London (br).

All other images © Dorling Kindersley.
For further information, see www.dkimages.com

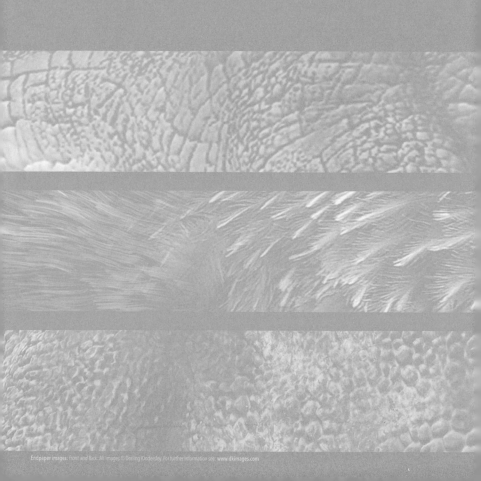